一本书学会超级记忆术和思维导图

吴帝德　编著

U0348545

机械工业出版社
CHINA MACHINE PRESS

学习力方面有两门大名鼎鼎的技术：记忆术和思维导图，它们是两门不同的技术、两种不同的能力。很多读者在学习英语的过程中会遇到一些困惑，如英语单词的记忆、语法规则的记忆、英语文章的阅读理解、英语作文的写作，这些困惑在他们面前犹如一座座大山，令人望而生畏，有心无力。其实，学习并掌握这两门技术，可以完美解决上述困惑。作者结合上千次演讲以及数千次课堂的经验完成了本书的写作，旨在提高读者的英语学习力。打开这本书，你就和"效率"产生了关系，认真读完，你一定能成为"时间的富人"。

图书在版编目（CIP）数据

一本书学会超级记忆术和思维导图／吴帝德编著.
—北京：机械工业出版社，2020.11

ISBN 978－7－111－66977－7

Ⅰ.①—… Ⅱ.①吴… Ⅲ.①记忆术 Ⅳ.①B842.3

中国版本图书馆 CIP 数据核字（2020）第 234518 号

机械工业出版社（北京市百万庄大街 22 号 邮政编码 100037）
策划编辑：孙铁军 责任编辑：孙铁军 张晓娟
责任校对：苏筛琴 责任印制：孙 炜
保定市中画美凯印刷有限公司印刷

2021 年 1 月第 1 版·第 1 次印刷
169mm×239mm·14.75 印张·1 插页·212 千字
标准书号：ISBN 978－7－111－66977－7
定价：69.80 元

电话服务　　　　　　　　　　网络服务
客服电话：010－88361066　　机 工 官 网：www.cmpbook.com
　　　　　010－88379833　　机 工 官 博：weibo.com/cmp1952
　　　　　010－68326294　　金 书 网：www.golden-book.com
封底无防伪标均为盗版　　　　机工教育服务网：www.cmpedu.com

前　言

打开这本书，你就和"效率"产生了关系，认真读完，你一定能成为"时间的富人"。学习力方面有两门大名鼎鼎的技术——记忆术和思维导图。它们是两门不同的技术、两种不同的能力。

记忆术：适合学习者、研究者、教师，或常要面对考核考试的人士。当然，因为它需要相对持久的练习，所以作为一种健脑，甚至预防阿尔茨海默病（老年痴呆症）的手段也是非常好而且有效果的。记忆术的学习有两个目标，一是如何正确、快速、有效地记住一切想记的信息；二是如何绕过遗忘曲线，更长时间地记住这些信息。在电视节目《最强大脑》开播以前，没有人想到这个世界上居然有人可以记住成百上千个指纹、二维码，甚至有统一审美标准的韩国美女的脸这样杂乱又非常具有干扰性的信息。我们在看这些节目的时候内心一定在想："如果我有这个能力，年轻的时候早就考上清华北大了。"是的，学会记忆术，能让目前正处于学生阶段的人离梦想的大学更进一步！它能助力于你要面对的很多考试。

思维导图：适合文案、设计、金融、人事、教师、高管等职场脑力工作者，同时也适合学生。在学习方面，思维导图和记忆术能解决学生不同方面的问题，记忆术解决的是记忆，而思维导图解决的是理解能力，两者有所重合但各有侧重。思维导图就像是武侠小说中的武功心法，养成这样的思维习惯能让我们内力深厚，能让思维变得更加敏锐，更有细节感，更具全局观，处理工作更加高效。

关于这两门技术的著作并不少，有适合职场人士学习的，也有适合学生的，在这之前我也写过《超实用记忆力训练法》（适合高中生及成人）、《中小学生必须知道的超级记忆法》（适合中小学生）、《思维导图宝典》（适合成人）等，但市场上很少有一本书将记忆术与思维导图结合，并采用实践实操的方式来讲述。在本书中，我将毫无保留地，严谨、实用、有趣地将我的所有经验分享给大家。

市面上大部分的记忆力书籍有一个共同点，即将技巧"招数"化，比如：串联法、图像法、关键字法、口诀法、谐音法、定桩法等。如果是已经会记忆术的人，反过来看这些方法确实是一个不错的方式，可以更好地细化理解。但是对于初学者，这却增加了困惑，真正要记某个内容的时候会产生这样的疑问："到底用什么方法好呢？"也就是说方法知道了很多，但最后还是不会用。所以，在这本书的记忆力板块，我们先提问题："遇到需要记忆的内容应该怎么办？"然后提供解决的一二三步。从步骤上教学，这样更加循序渐进，浅显易懂，能真正学会记忆的技巧，无招胜有招。

同样，市面上大部分关于思维导图的书籍还有一个共同点，即过多讲述"心法"，用了大量篇幅讲思维导图带来的好处，而读者看了一大半还是不知道应该怎么用，什么时候用。思维导图的学习重在实操，所以，在思维导图板块我们将以实操为主，让初学者通过真实体会来感受它所带来的好处。

综上所述，我结合我上千次演讲以及数千次课堂的所有经验，用充分的精力、满满的热情完成了这本书的写作，感谢你的阅读。脑力（创造力、思维力、学习力）是未来以及我们下一代的核心竞争力，记忆术与思维导图的学习一定会为你提供更广阔的思路，掌握它们，能让我们高效学习和工作，让我们有更多的时间亲近孩子、陪伴家人、陶冶情操、拥抱自然，成为时间的富人。

吴帝德

于成都

目 录

思维导图篇

———————

用思维导图
成就效率达人

CONTENTS

一本书学会
超级记忆术和思维导图

————

用记忆术解决
一切记忆问题

———————

记忆术篇

我相信你更关心的是如何"记"
和如何"用"的问题。我们的生
活、工作和学习任何方面都离不
开"记"和"忆",只要你打开
脑洞,将会发现原来记忆就是如
此简单。

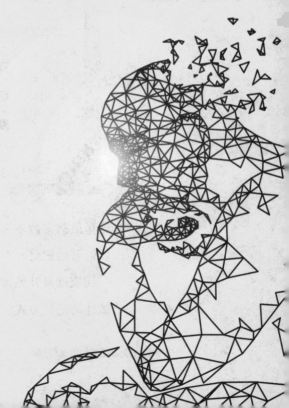

死记硬背 PK 记忆术
——打开脑洞

这里，我们暂时不去纠结记忆术的来龙去脉，一开始先不学习枯燥无聊的各种理论。我相信你更关心的是如何"记"和如何"用"的问题。我们的生活、工作和学习都离不开"记"和"忆"，只要你打开脑洞，将会发现原来记忆就是如此简单。所以，让我们抱着玩一玩的轻松心情，感受记忆术是怎么回事，记不记得住例题都无关紧要，更重要的是借助例题先打开思路，后边的章节将会详细讲解记忆的具体步骤以及自我练习的方法。

抽象词语类

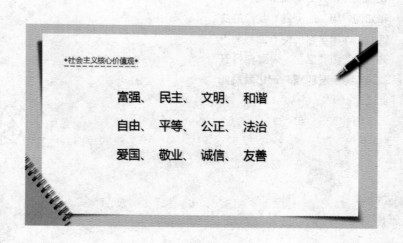

这里虽然字数不多，但是我相信没学过记忆术的人不会知道如何开始记忆，有什么具体的步骤，该如何下手。他们的第一反应就是开始读或是默读，然后用我们从小到大惯用的机械性的记忆方式，反复反复再反复。

但是，要按顺序记住这 12 个比较抽象词是比较困难的，因为大脑是记不住抽象的内容的。要解决这个问题，我们可以用抓取关键字，把内容联系起来，变成有意思的、大脑可以理解的事物来帮助大脑记忆。

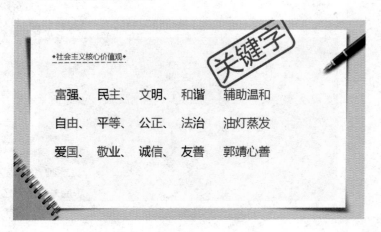

一点记忆术

第一步——抓取关键字。 在回忆的过程中，提起"富"字我们都能想起是"富强"一词，说到"文"字也自然能够想起是"文明"，这是成年人的基本认知，因此我们并不用记所有的字，只要用心读几次，都能用一个字回忆起一个词。所以，只需要记住关键字就能达到帮助回忆的效果。第二步——通过谐音（发散思维转化的方式，后面会重点介绍和练习）把这些关键字串起来。 请注意，仅仅是串起来没用，要串起来变成有意思的句子大脑才能记住，正如这里"富、主、文、和"谐音一下发音很像"辅助温和"，大脑就可以想到一个画面"有一个人是个辅助领导的角色，每次都笑呵呵的，性格非常温和"。当然，或许你想到的是游戏的画面，或许是古代臣子辅助君王的画面。 想象的画面因人而异，但是这个画面能够在回忆时变成提醒你的关键线索。

词语顺序

这里我列举一些随机的词语，请大家尝试记住这些词和它们的顺序，这些词并没有经过提前设计，可能是随意选自某篇新闻、文章的节选，或是某次聊天中节选的关键词。

机器人、花海、猴子、大海、鲸鱼、树叶、咖啡、拉面、健康、宝箱、帆船、小女孩、美食店、鲶鱼、游戏机、樱花、钢琴、口红、漫画、父母

以上 20 个词语，请尝试认真地回忆，回想能力也是记忆力另一个重要的部分。

一点记忆术

聚会的时候我们常有这样的经历，一群人分别介绍自己的名字，等转了一圈之后，怎么也想不起第一个人的名字。我们当然不希望这样的事情发生，因为这样非常失礼。大脑在处理临时记忆信息的时候调动的是大脑当中的海马体，临时记忆信息在我们的大脑中的容量非常有限，对于上面的挑战，如果不使用记忆术的方法，几乎很少有人能够100%完成。

要记忆这些词和它们的顺序，可采用联想的方式。我们需要把注意力放在联想画面上，特别是画面的细节，这样就能做到轻松记住上面的 20 个词语。下面是我编的一个小故事，大家边读边想象边记忆故事场景。

联想 💡

机器人损坏了，身上生锈长出了花，变成了一片花海。一只猴子摘了花"扑通"跳进了大海，海水都被一只鲸鱼喝光了，鲸鱼头顶"哗啦啦"地喷出很多树叶，你捡了一片树叶放在咖啡里，悠闲地喝着咖啡还一边吃着拉面，因此，你被评为世界上最健康的人。于是颁发给你一个宝箱，打开宝箱，里面是一艘帆船，你把帆船送给了一个可爱的小女孩，小女孩家是开美食店的，店门口挂着一只大鲶鱼，鲶鱼嘴巴里藏着一个游戏机，打开游戏机，天上飘起了樱花，樱花树下有一台钢琴，每一个琴键上都放了一支口红，你拿起口红涂抹一本漫画书，然后把漫画书作为礼物送给父母。

这次请再尝试回忆，相信自己一定能记住。

英语单词   这一组单词请记住拼写。

chess [tʃes] 国际象棋	shell [ʃel] 贝壳
■ guide [gaɪd] 导游	■ change [tʃeɪndʒ] 零钱
insect ['ɪnsekt] 昆虫	history ['hɪstri] 历史
■ manage ['mænɪdʒ] 管理	■ human ['hjuːmən] 人类
comedy ['kɒmədi] 喜剧	ballet ['bæleɪ] 芭蕾舞
■ liquid ['lɪkwɪd] 液体	■ schedule ['ʃedjuːl] 计划表

这一组单词请记住读音：

pregnant ['pregnənt] 怀孕的	evolution [ˌiːvəˈluːʃn] 发展
■ athlete ['æθliːt] 运动员	■ sausage ['sɔːsɪdʒ] 香肠
ambulance ['æmbjələns] 救护车	mosquito [məˈskiːtəʊ] 蚊子
■ stove [stəʊv] 火炉	■ dinosaur ['daɪnəsɔː(r)] 恐龙
palace ['pæləs] 宫殿	ugly ['ʌgli] 丑陋的
■ exam [ɪgˈzæm] 考试	■ pioneer [ˌpaɪəˈnɪə(r)] 开拓者

一点记忆术

关于英语单词的记忆，我相信每一个学习英语的人都有不少自己的心得和方法，其中不乏英语达人、留学生和专业人士，但也有英语困难户，总是想学好英语却一直未能如愿。在此，我们先换一个思路，用灵活的方式，用完全不同于以往的方式来尝试，看能否高效地记住单词。

拼写组这样记：

chess [tʃes] 国际象棋

拆分 che 车——ss 美女（形）

联想 车里有两个美女在下国际象棋

shell [ʃel] 贝壳

拆分 she 她——ll 筷子（形）

联想 一个小姑娘在用筷子夹贝壳

guide ［gaɪd］导游

拆分 gui 贵——de 的

联想 在这个景区请一个导游还挺贵的

change ［tʃeɪndʒ］零钱

拆分 chang 嫦——e 娥

联想 嫦娥在天上撒零钱

insect ［ˈɪnsekt］昆虫

拆分 in 进——se 色——ct CT

联想 昆虫飞进一个彩色的 CT 里

history ［ˈhɪstri］历史

拆分 his 他的——"s"tory 故事

联想 他的故事成为了历史

manage ［ˈmænɪdʒ］管理

拆分 man 男人——age 年龄

联想 男人上了年纪，才能做管理

human ［ˈhjuːmən］人类

拆分 hu 糊——man 馒头

联想 给那群人类吃糊了的馒头

comedy ［ˈkɒmədi］喜剧

拆分 come 来——dy 电影

联想 来，快看这部喜剧电影

ballet [ˈbæleɪ] 芭蕾舞

拆分 ba 爸——ll 筷子（形）——et 外星人

联想 爸爸用筷子夹着外星人的手跳芭蕾舞

liquid [ˈlɪkwɪd] 液体

拆分 liqui 李逵——d 的

联想 那瓶不明液体是李逵留下来的

schedule [ˈʃedjuːl] 行程单，计划表

拆分 s 美女（形）——chedule 车堵了

联想 美女坐的车堵了，结果行程表上的景点全部都没有

去成

读音组这样记：

pregnant [ˈpregnənt] 怀孕的

谐音 派个男的

联想 派个男的就怀孕了

evolution [ˌiːvəˈluːʃn] 发展

谐音 一屋"鲁迅"（英式发音）

联想 要发展就靠一屋子的"鲁迅"了

athlete [ˈæθliːt] 运动员

谐音 爱使力的

联想 爱使力气的人就让他去当运动员

sausage [ˈsɔːsɪdʒ] 香肠

谐音 烧三节

联想 烧三节香肠来吃

ambulance [ˈæmbjələns] 救护车

谐音 俺不能死

联想 重伤的人在救护车里大叫"俺不能死"

mosquito [məˈskiːtəʊ] 蚊子

谐音 摸司机头

联想 摸司机的头打死蚊子

stove [stəʊv] 火炉

谐音 撕豆腐

联想 在火炉里撕豆腐干

dinosaur [ˈdaɪnəsɔː(r)] 恐龙

谐音 戴了锁

联想 给恐龙脖子上戴了把锁

palace [ˈpæləs] 宫殿

谐音 怕累死

联想 宫殿太大，真怕走不出去累死

ugly [ˈʌɡli] 丑陋的

谐音 啊隔离

联想 啊！这人太丑了，把他隔离起来

exam [ɪɡ'zæm] 考试

谐音 一个人

联想 考场上只有一个人

pioneer [ˌpaɪə'nɪə(r)] 开拓者

谐音 派你啊

联想 开拓新市场公司当然是派你去啊

你记住了吗？这可是解决英语学习困难人士超有效的方法。"拆分"有效解决了单词的【词义＋拼写】问题，"谐音"有效解决了单词的【词义＋读音】问题，在实际应用中，"谐音"显得更加立竿见影、方便、高效。当然，在学生阶段英语老师是禁止同学们用谐音的方法来读英文的，但是这一点和记忆术的方法不冲突，这里的谐音应该被称作"记忆谐音"才更加准确，因为仅仅是为了好玩而用中文去标注英文的发音的话，那并不能帮助记忆，只会让发音更糟糕。记忆谐音的前提是要把发音转化成有意义的句子或词组，这样只是为了记住单词的词义。再者，如果连词义都记不住，即使会播音员式的英语、熟练的自然拼读，但是连词义都记不住，关键时刻不会说，发音再好又有什么意义呢？要明白，语言是交流的工具，仅仅是工具，发音固然重要，但是如果一味地追求发音完美，如果不是立志当翻译家、出国深造的话，显然性价比不高。

用"拆分"和"记忆谐音"的方法能处理几乎所有的单词，上述单词选自我的另一套书籍《懒人秒记英语单词》系列，英语单词的系统记忆推荐参考此套书籍。

商品价格信息

有的时候我们需要记住事物对应的<u>数字信息</u>，车牌号、列车班次、航班、快递号、商品号、身份证等，有的长有的短，有的职业必须要记住大量此类信息，下面请挑战一下记忆下列商品的价格（90 秒以内）。

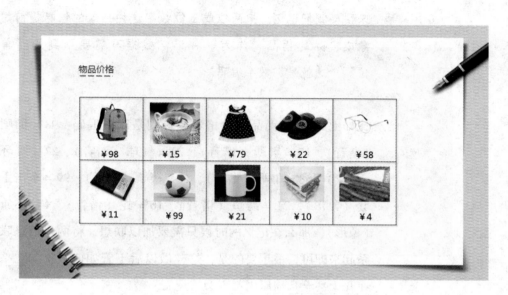

OK，请回答今天是星期几？你最喜欢的明星是谁？你最近看的一部电影是什么？好了，干扰完毕，你可以回答了。

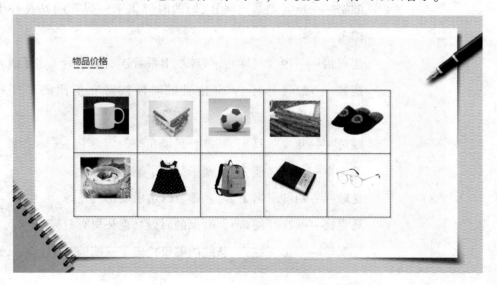

在某些电视节目中我们经常会看到一些记忆展示，其实绝大多数都是转化成"数字密码"来进行记忆的。什么是"数字密码"？ 手机输入文字要的是"拼音"，电脑处理信息其实是在进行二进制的运算，假设我们把数字提前进行转化，用来帮助我们记忆，把两位或三位数字这种抽象的信息提前想象成实际的物品，作为一种记忆数据时需要用到的"单位"，这就是"数字编码"。

比如上面 10 个商品的价格数字分别是以下编码：98 = 酒吧（谐音）、15 = 鹦鹉（谐音）、79 = 气球（谐音）、22 = 耳环（象形）、58 = 午马（谐音）、11 = 筷子（象形）、99 = 拳击手套（象形）、21 = 鳄鱼（谐音）、10 = 蛇（谐音）、4 = 小旗（象形），那么在记忆的时候只需要加以联想，将两个信息联系起来即可，最重要的是，这样做以后不管如何干扰，几乎在几天甚至几周以内都不会忘记。

书包——98（酒吧）：背着书包去酒吧坐坐。

酸奶——15（鹦鹉）：喝酸奶的时候飞来一只鹦鹉站在杯子檐上。

连衣裙——79（气球）：气球线上系着连衣裙然后飞走了。

拖鞋——22（耳环）：穿拖鞋的时候被藏在里面的耳环扎了脚。

眼镜——58（午马）：马戴着眼镜在跑。

笔记本——11（筷子）：筷子戳穿了笔记本。

足球——99（拳击手套）：带着拳击手套击打足球。

马克杯——21（鳄鱼）：喝水的时候马克杯里有只鳄鱼。

三明治——10（蛇）：从蛇的嘴里抢走了三明治。

辣条——4（小旗）：在运动场上吃着辣条挥舞着小旗喊加油。

随机数字

世界上有很多人通过挑战记忆无规律的数字来锻炼自己的大脑，比如世界脑力锦标赛中就将数字的记忆作为一项重要的考核标准，有"快速数字"（考查 5 分钟内能够正确记忆多少数字）、"马拉松数字"（考查 1 小时内能够正确记忆数字的数量）、"听记数字"（间隔 1 秒读一个随机数字，考查能够正确记忆的数量）、"二进制数字"（规定时间内记忆二进制数字的数量）等，也有很多人通过记忆圆周率来锻炼大脑记忆的能力。现在，我们来挑战一下圆周率小数点后 50 位：

3.14159265358979323846643
38327950288419716939937510

一点记忆术

记忆无规律的数字方法有很多，这对于任何学习过记忆术的人来说都是手到擒来的。本章节重在体验，下面将选两种方法让大家尝试一下，在后面的章节中会系统地介绍给大家。

方法一：谐音记圆周率。

3.1415926——山巅一寺一壶酒和肉

5358979——我想我爸就吃酒

32384626——想啊想，宝石揉啊揉

4338327——死婶婶，霸占耳机

95028841——叫我领两把宝石椅

971693——叫七姨捞旧伞

9937510——舅舅想进屋咬你

再来一串无规律的数字，你可以设想它是打开长寿不老药的保险柜密码，或是某富豪的银行卡密码等。

01210084651948130908

一点记忆术

方法二：假设你提前就有一套数字编码：

01——绿叶（谐音）

21——鳄鱼（谐音）

00——锁链（象形）

84——巴士（谐音）

65——老虎（谐音）

19——药酒（谐音）

48——糍粑（谐音）

13——衣裳（谐音）

09——泥鳅（谐音）

08——泥巴（谐音）

OK，可以这样联想：拨开一片绿叶发现一只鳄鱼，吓得赶紧用锁链困住它，拉着锁链上了一辆巴士，驾驶巴士的是一只老虎，老虎正在喝药酒，药酒里面泡的是糍粑，趁它不注意用衣裳一下子包住它，用衣裳裹起来丢到河里喂泥鳅，泥鳅吃了衣裳变成了一堆泥巴……

这一切并不是事先编好的，只需要有一丁点儿记忆术的基础，懂得数字编码，就可以看到一串数字，然后脑子里迅速"导演"出一系列有趣的画面，这个画面就是记住无规律数字的<u>秘密</u>。

排列顺序

严格地说，记忆考点知识的时候大部分都是记住它们的排序，剩下的就是记住配对信息。比如本章第一个例子的"核心价值观"就是要记住词语间的先后顺序，引申开来的话，文章的记忆就是在记住文字的基础上还要记住段落之间的顺序，诗词更是如此。还有二十四节气、十二生肖、十二星座、元素周期表、历史朝代、司法程序、工作流程、操作步骤等，都是需要记住顺序的。下面，我们从简单的例子入手。

三十六计

第一计——瞒天过海

第二计——围魏救赵

第三计——借刀杀人

第四计——以逸待劳

第五计——趁火打劫

第六计——声东击西

第七计——无中生有

第八计——暗度陈仓

第九计——隔岸观火

第十计——笑里藏刀

一点记忆术

记住顺序可以有很多种方法，初学者容易遇到的疑惑是，针对某一个具体问题到底用哪种方法好？这个疑惑很容易解答，所有方法都可以，只是需要自己把所有方法都熟悉了以后，用一种自己最习惯、最上手的方法来解决问题就可以了，更重要的是"灵活"，真正的记忆术在实际运用里是没有统一公式的。这里的三十六计依然可以用数字编码来帮忙解决，好处就是不单单记住了顺序，还能将计谋和序号一一对应。

第一计（01 绿叶）

——瞒天过海→联想：带着叶子做的草帽游过了大海。

第二计（02 梨儿）

——围魏救赵→联想：用一筐一筐的梨围住魏国就可以解救赵国了。

第三计（03 铃声）

——借刀杀人→联想：有人正想拿刀杀人的时候突然铃声响了。

第四计（04 零食）

——以逸待劳→联想：坐着吃零食以逸待劳。

第五计（05 礼物）

——趁火打劫→联想：别人家起火了你还去送礼物，送礼不成最后变成了打劫。

第六计（06 你扭）

——声东击西→联想：你扭来扭去的时候听到四处都发出了声音。

第七计（07 凉席）

——无中生有→联想：无中生有变了一张凉席出来。

第八计（08 泥巴）

——暗度陈仓→联想：暗度陈仓的时候部队遇上了泥石流。

第九计（09 泥鳅）

——隔岸观火→联想：隔岸观火的时候连河里的泥鳅都游上岸来一起看。

第十计（10 蛇）

——笑里藏刀→联想：一条蛇在微笑，嘴里突然吐出尖刀。

日本历史年代

绳文时代	→ 弥生时代	→ 古坟时代	→
飞鸟时代	→ 奈良时代	→ 平安时代	→
镰仓时代	→ 室町时代	→ 战国时代	→
安土桃山时代	→ 江户时代	→ 明治时代	→
大正时代	→ 昭和时代	→ 平成时代	→
令和时代			

一点记忆术

这里的时代称呼有一些我们比较陌生，因此需要用到后面系统讲解的"转化"，也就是要<u>把抽象的变成形象的、熟悉的事物</u>。

可以这样处理：绳文（绳子）→弥生（米做的生日蛋糕）→古坟（古坟）→飞鸟（飞鸟）→奈良（小鹿）→平安（咒符）→镰仓（镰刀）→室町（钉子）→战国（日本武士）→安土桃山（桃子）→江户（糨糊）→明治（巧克力）→大正（打针）→昭和（照相机）→平成（拼车）→令和（令牌）。

有了第一步的转化，下面就可以用联想记忆了。请注意，联想是记忆术的基本功：搓好绳子去捆蛋糕，把蛋糕放到古坟里，古坟后面飞出来很多飞鸟，接着来了很多小鹿，用咒符定住小鹿，拿出镰刀准备驱邪，镰刀上长满了钉子，突然杀出一个日本武士，武士并没有恶意，拿出一个桃子，桃子咬了一口，里面是糯糊，把糯糊吐在巧克力包装纸里，给巧克力包装纸打针和拍照，挂着照相机和别人拼车，拿出一个令牌来支付费用。

战国七雄以及灭亡顺序
韩国、赵国、魏国、楚国、燕国、齐国、秦国

一点记忆术

谐音处理：

喊赵薇出演齐秦

二十四节气

春季 Spring	立春 Spring begins	雨水 The rains	惊蛰 Insects awaken
	春分 Vernal Equinox	清明 Clear and bright	谷雨 Grain rain
夏季 Summer	立夏 Summer begins	小满 Grain buds	芒种 Grain in ear
	夏至 Summer solstice	小暑 Slight heat	大暑 Great heat
秋季 Autumn	立秋 Autumn begins	处暑 Stopping the heat	白露 White dews
	秋分 Autumn equinox	寒露 Cold dews	霜降 Hoar-frost falls
冬季 Winter	立冬 Winter begins	小雪 Light snow	大雪 Heavy snow
	冬至 Winter solstice	小寒 Slight cold	大寒 Great cold

二十四节气歌
春雨惊春清谷天，夏满芒夏暑相连。秋处露秋寒霜降，冬雪雪冬小大寒。 每月两节不变更，最多相差一两天。上半年来六廿一，下半年是八廿三。

关于二十四节气的记忆可以用到很多种方法，我们读书的时候也学习过《二十四节气歌》，这是一种歌诀式的记忆方法，不足的地方是它并没有抓住每一个节气的关键字，仅仅记歌诀本身可能也会花一些时间。

一点记忆术

我们对二十四节气的称呼都相对比较熟悉，仅仅对应不了顺序关系，因此我们记忆的重点是将 24 个节气串联起来。首先每个节气选取关键字，在回想的时候我们要能通过这个关键字推测出相对应的节气名称即可。虽然有的关键字可能重复，但是在回忆的时候只要根据前后内容可以判断出是哪个季节的节气，那也是不会错的。

立春→立→你。

雨水→水。

惊蛰→惊→晶。

春分→分。

清明→明。

谷雨→谷→鼓。

立夏→立→励。

小满→小→效。

芒种→种→忠。

夏至→夏。

小暑→暑→叔。

大暑→暑→叔。

立秋→立→你。

处暑→处→出。

白露→露→入。

秋分→分。

寒露→寒→行。

霜降→降→讲。

立冬→立→你。

小雪→雪→学。

大雪→雪→习。

冬至→至→治。

小寒→小。

大寒→寒→孩。

将转化后的关键字连起来就是这样一句话：

"你水晶分明，鼓励效忠夏叔叔。 你出入分行，讲你学习治小孩。"

很显然，这句话比节气歌的画面感要强，也能更快地记住，一般人读三次这句话，脑子里想象一下画面，都能完全记住了。

信息配对

除了上一小节的顺序记忆，剩下的遇到的知识几乎都是属于信息配对的范畴了，比如英语单词就是把发音和词义配对，或是拼写——发音——词义三者配对，看到其中任何一个信息都需要想起它所关联的配对的信息。从我们读书开始，任何一科的知识，几乎只要做到了很好的信息配对，成绩绝对不可能差。

五岳：东岳泰山、西岳华山、
南岳衡山、北岳恒山、中岳嵩山

这里内容并不多，但是很多人会混淆，常常张冠李戴。要想记得全对、牢靠，还是需要方法的辅助，通过谐音把泰山转化成太阳，华山→花，衡山→天平，恒山→永恒→钻石，嵩山→松树，再通过一幅涂鸦便能过目不忘。

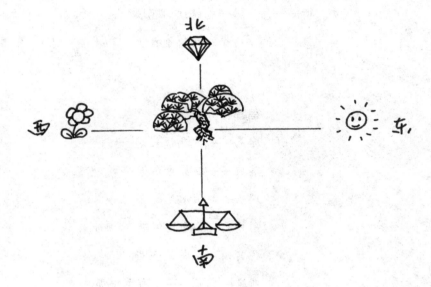

唐朝皇帝列表（部分）

唐玄宗——李隆基

唐肃宗——李亨

唐代宗——李豫

唐德宗——李适

唐顺宗——李诵

唐宪宗——李纯

这里我们暂时不去记忆皇帝的顺序，作为练习，我们记住皇帝名字对应的庙号，去掉"宗"字与"李"字，即"玄"连"隆"，"肃"连"亨"即可，以此类推。

玄——隆：笼子里边安装琴弦。

肃——亨：一边哼歌一边漱口。

代——豫：往袋子里装鱼。

德——适：去德国搬运石头。

顺——诵："送礼就送同花顺"。

宪——纯：有个宪兵特别蠢。

首都名称记忆

冰岛——雷克雅未克

瑞典——斯德哥尔摩

瑞士——伯尔尼

匈牙利——布达佩斯

马其顿——斯科普里

斯洛文尼亚——卢布尔雅那

爱尔兰——都柏林

黑山——波德戈里察

一点记忆术

这里是完全单纯的信息配对，国家之间并没有记忆信息上的联系，只需要把国家对应的首都记住就可以了，还是先"转化"，再将两个信息有趣地"连接"起来。

冰岛（冰山岛）

——雷克雅未克（内裤压内裤）

联想 冰山的小岛上堆满了内裤

瑞典（诺贝尔奖）

——斯德哥尔摩（死了个恶魔）

联想　诺贝尔颁奖典礼上恶魔来袭，最终被大家消灭了

瑞士（手表）

——伯尔尼（拨鳄梨）

联想　用名贵手表拨牛油果（鳄梨）

匈牙利（熊压你）

——布达佩斯（暴打佩奇）

联想　你暴打佩奇，于是引来了熊来压你

马其顿（马站在盾上）

——斯科普里（四颗玻璃）

联想　马站在盾上，给它嘴里塞四颗玻璃球

斯洛文尼亚（死了吻你呀）

——卢布尔雅那（萝卜啊咬哪）

联想　要吃这个萝卜从哪里下口？先吻一口再说

爱尔兰（奥尔良烤翅）

——都柏林（赌博林）

联想　有个森林里藏了很多赌徒，那些人经常聚众吃奥尔良
烤翅

黑山（黑色的山）

——波德戈里察（玻璃缸你擦）

联想　玻璃缸里有个黑山模型，你来把它擦干净

文字记忆

日常生活和学习中的记忆术的相关运用，最常用和最难、最需要灵活处理的就是文字记忆了，它包括段落和文章，文章又包括现代文、散文、诗词、文言文等。对于学生而言，如何处理文字记忆是他们最迫切想解决的问题。处理文字内容会用到很多种的方法，而且又因为内容各不相同，因此，文章的记忆是没有一个万能公式的，也没有一劳永逸的方法，讲究的是"无招胜有招"。

江城子乙卯正月二十日夜记梦

——苏轼

十年生死两茫茫，不思量，自难忘。

千里孤坟，无处话凄凉。

纵使相逢应不识，尘满面，鬓如霜。

夜来幽梦忽还乡，小轩窗，正梳妆。

相顾无言，惟有泪千行。

料得年年肠断处，明月夜，短松冈。

一点记忆术

这是一首画面感非常强的悲情浪漫的词，可以感受到苏东坡的万般思念与伤痛。这样的内容，最直接有效的辅助记忆方法就是，第一步：熟读原文；第二步：大脑中去细想、联想作者所描述的画面；第三步：尝试背诵，记忆不牢靠的地方再一次加强联想。比如词中的"不思量，自难忘"完全可以像导演一样，想象你会让演员怎样去表达这个动作，手托着头，然后叹气摇头？还是发着呆，叹一口气摇摇头望向远方？这都是在创造画面感，只要画面感细节足够丰富、连贯，再加上已经熟读了原文，那么这些画面就是最好的回忆线索，<u>我们把"读"变成了"看"画面</u>。

行路难

李白

金樽清酒斗十千，玉盘珍羞直万钱。

停杯投箸不能食，拔剑四顾心茫然。

欲渡黄河冰塞川，将登太行雪满山。

闲来垂钓碧溪上，忽复乘舟梦日边。

行路难！行路难！多歧路，今安在？

长风破浪会有时，直挂云帆济沧海。

这首李白的著名诗句我们以前就背过，但是回想一下以前的背诵过程，我们的注意力是不是只放在"读"上了呢？通过有声的读或是默读，大脑把信息转化成声音，然后再用声音区域去处理，这是一种机械性的反复记忆，很容易忘记。

一点记忆术

这是一首非常激昂的诗，我们可以加上动作，用肢体语言来帮助记忆。区别上面一首《江城子》的默想画面，这里是需要激情地用动作表达出来，甚至可以想象和我们的广播体操一样。比如"停杯投箸不能食，拔剑四顾心茫然"，可以配合"把杯子一放，筷子往桌子上一拍，然后立即起身拔剑，眼睛看着剑一边走两步……"的动作。怎么样？可以过一把演员的瘾，你说不定还真有表演的天赋。

离骚（片段）

屈原

帝高阳之苗裔兮，朕皇考曰伯庸。

摄提贞于孟陬兮，惟庚寅吾以降。

皇览揆余初度兮，肇锡余以嘉名：

名余曰正则兮，字余曰灵均。

纷吾既有此内美兮，又重之以修能。

扈江离与辟芷兮，纫秋兰以为佩。

汩余若将不及兮，恐年岁之不吾与。

朝搴阰之木兰兮，夕揽洲之宿莽。

日月忽其不淹兮，春与秋其代序。

惟草木之零落兮，恐美人之迟暮。

不抚壮而弃秽兮，何不改乎此度？

乘骐骥以驰骋兮，来吾道夫先路！

……

《离骚》被称为中国学生整个学习生涯中难记内容排行榜的 No. 1！这里仅仅是一小部分的节选，它与其他的诗词不同的是，并不那么押韵，字句晦涩难懂，有时逻辑都没法理顺，因此就成了最难记排行榜的巅峰了。

一点记忆术

不得不说中文博大精深，不管哪种发音，都可以在普通话，或者某些方言中找到类似的发音，因此我们通常可以用谐音处理相当多的记忆难题。在国外也用类似的方法，不过他们的谐音就简单和受局限得多。我们采用的是"谐音"的手段，这属于记忆术处理的转化中的一步，核心还是：将抽象转化为形象。也就是说，谐音处理的标准是，要把原文不理解的文字组合变成有意思的句子，这样就有画面，有场景，就容易记忆了。

离骚（片段）

帝高阳之苗裔兮，朕皇考曰伯庸。

爹，羔羊吃毛衣，召唤烤鱼泼油。

摄提贞于孟陬兮，惟庚寅吾以降。

蛇提着鱼猛揍，喂个鹦鹉，一枪。

皇览揆余初度兮，肇锡余以嘉名：

黄蓝鲑鱼出炉，找些雨衣救命：

名余曰正则兮，字余曰灵均。

命运越挣扎，自由越临近。

纷吾既有此内美兮，又重之以修能。

疯乌鸡又吃腊梅，有种自己修门。

扈江离与辟芷兮，纫秋兰以为佩。

虎将李煜劈纸，人丑难医我呃。

汨余若将不及兮，恐年岁之不吾与。

米与肉酱不计，孔连碎纸不捕鱼。

朝搴阰之木兰兮，夕揽洲之宿莽。

找铅笔剃木兰，蟹辣肘子酥麻。

日月忽其不淹兮，春与秋其代序。

日月夫妻捕雁，准予求情待续。

惟草木之零落兮，恐美人之迟暮。
没草莓吃梨咯，哄美人支持吗。

不抚壮而弃秽兮，何不改乎此度？
把服装耳机毁，何不改路吃土？

乘骐骥以驰骋兮，来吾道夫先路！
晨起记忆直升，来，我天赋显露！

最后，我们来看一篇非常熟悉的现代文。

桂林山水

　　我攀登过峰峦雄伟的泰山，游览过红叶似火的香山，
却从没看见过桂林这一带的山，桂林的山真奇啊，一座
座拔地而起，各不相连，像老人，像巨象，像骆驼，奇
峰罗列，形态万千；桂林的山真秀啊，像翠绿的屏障，
像新生的竹笋，色彩明丽，倒映水中；桂林的山真险啊，
危峰兀立，怪石嶙峋，好像一不小心就会栽倒下来。

一点记忆术

背现代文，需要的是多种技巧共同辅助，一个段落的其中一
句可能需要用到"串联"的技巧，另一句又可能需要"涂
鸦"加深印象，最后整个段落可能还需要联想画面来加强回
忆。比如此处作者讲的是桂林山水的"奇""秀""险"，
首先就可以用联想画面来加强，想象"骑在石头上，弯腰捡
袖套，然后摔了下来"，这一个画面就能代表"奇""秀"

"险"了。 如果其中的某一句总是回忆错误，那么也可以用涂鸦、谐音或联想画面的方式。总而言之，文章的记忆并不是说整篇文章都需要用记忆术来处理，什么地方用？ 是记忆薄弱的部分使用，加之自己熟读，即使是死记硬背，个别部分用联想的方式稍加处理，也能得到非常满意的结果。 我想强调的是，有一部分读者也许对自己的文字记忆能力有十足的信心，觉得自己即使不用这些"复杂"的方式，就算死记硬背也有很强的实力，但是，也请这一部分读者想一想，如果你懂得了记忆术，那不是如虎添翼吗？ 初学的时候记忆术的处理过程也许稍稍会花一些时间，但是随着练习的积累，一定会越来越快，最重要的是真能达到过目不忘的效果，磨刀不误砍柴工的道理聪明人是最明白不过的了。

记扑克牌

记扑克牌无非是记忆术表演中最酷炫的一种，也是记忆比赛项目参赛选手的基本功，想想在短短十几秒以内记住一副打乱顺序的扑克牌的花色和点数，这是一件多么酷的事情。如果你也可以做到，那么完全可以把自己想象成赌神，然后沉浸在内心的满足感当中。那么人人都能做到吗？——当然能，记忆扑克牌需要更高级的记忆技巧，叫作——记忆宫殿。

OK，上面这把牌是不是很烂？没关系，这里是记忆挑战，可以先尝试能否强行死记硬背将上面的扑克牌记下来。

一点记忆术

记扑克牌首先需要有"数字编码"的基础，这也是记忆扑克牌的第一步。记忆的步骤是：

第一步：把扑克牌的点数和花色转化成两位数的数字。具体的方法是：花色代表十位数，点数是个位数，数字 10 =0，花牌单独编码。黑桃 =1；红桃 =2；梅花 =3；方块 =4，这样的话上面的牌从左往右就是♠2 =12；♥K =单独编码（比如这里用一个穿红色衣服的老板代替）；♥10 =20；♣3 =33；♥6 =26；♣J =单独编码（这里用一个拐杖代替）；♦2 =42；♠3 =13；♠Q =单独编码（这里用皮蛋代替）；♥8 =28；♣A =31；♦5 =45；♠6 =16。

第二步：数字转化成数字编码，上面的牌就是 12 =婴儿、老板、20 =蜗牛、33 =姗姗、26 =二轮、拐杖、42 =石猴、13 =医生、皮蛋、28 =恶霸、31 =鲨鱼、45 =师父、16 =石榴。在实际记忆的过程中，第一步和第二步是同时进行的，我们只要懂得原理以后，每天坚持练习一两次，<u>一个月就能达到五六分钟记住一副扑克牌的水平</u>。

第三步：记忆这些编码的顺序。很明显，既然要记住顺序，那么我们就可以用串联的方法，但是这里我们来体验一种更加系统的记忆方法——<u>记忆宫殿</u>。关于记忆宫殿的讲解后面会详细介绍，简而言之，我们需要<u>借助你熟悉的环境来记忆</u>上面这些信息。这里简单地按照你回家后经过的事物的顺序，借助几个参照物：1. 家门、2. 鞋柜、3. 餐桌、4. 电视机、5. 沙发……OK，有了这五个参照物，只要你稍微熟悉一下数字编码，那么就能够过目不忘这十张扑克牌了。第三步正是借用"记忆宫殿"的地点将上面的编码牢牢联系起来，具体联想过程如下：

1. 家门——婴儿在敲家门♠2，一个老板抱着婴儿破门而入♥K。
2. 鞋柜——鞋柜里全是蜗牛♥10，婶婶过来帮忙清理♣3。
3. 餐桌——二轮车骑上了餐桌♥6，用拐杖把人赶下来♣J。
4. 电视机——猴子爬上了电视机♦2，医生给猴子打针♠3。
5. 沙发——沙发上全是皮蛋♠Q，恶霸躺在沙发上吃皮蛋♥8。

现在只需要按照顺序回忆记忆宫殿里的五个参照物，就可以回想起发生的画面，再通过编码还原成扑克牌，世界脑力锦标赛和各种电视节目里的酷炫挑战、记麻将、记百家姓等，都是一个原理。

知道一些大脑知识
——终身受用

左右脑概念

只要是说到训练大脑，就一定会听说到一个概念——左右脑。左右脑的概念到底何时兴起？从哪里传出？有无科学根据？这个理论有什么新的进展？我们大致了解一些这方面的知识，可以更好地帮助练习，也能帮助我们在今后的工作和生活中的正确传播和运用。

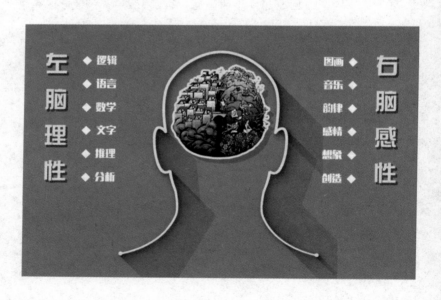

左右脑概念是由美国科学家罗杰·斯佩里提出的，并因为他的分裂脑实验获得了 1981 年的诺贝尔生理学或医学奖。我们如何理解左右脑概念呢？简单说就是大脑处理信息的效率、分配的问题，比如左脑被称为理性脑，是因为在处理逻辑、语言、数学、文字信息方面，在推理和分析的时候具有优先级；右脑被称为感性脑，是因为在图画、音乐、韵律、想象等方面具有优先级。

由于了解左右脑的理论有利于对自我意识的重新认识和对孩子成长教育的帮助，因此也新生了"全脑教育"的行业，什么是全脑教育？广义地来讲就是着重理性和感性（创造力）双管齐下的教育方法来开发大脑。但是，不得不说有的教育机构对左右脑理论的曲解以及过度的宣传带来了一些错误的认知。很多人简单地认为：左脑做理性工作，右脑做图像工作。导致大家都以为左右脑是完全独立工作的，开发大脑"沉睡"的部分甚至可以像一些影视剧中一样获得超乎想象的智力，甚至超能力。其实，随着科学研究的进步，理论的不断完善，大脑是不存在"沉睡"区域的，开发大脑也不可能有影视剧中那样的效果，天上不可能掉馅饼，我们还是只能通过脚踏实地的刻意练习，通过科学的方法来提升自己的思维能力。

现代医学告诉我们，大脑的工作确实是分区域的，处理语言、运动、精细动作、运算的大脑区域都有所不同，所以我们看到身边的老人脑中风后会丧失某种能力，大脑的运动区域中风（脑出血或是脑梗塞）就会瘫痪，语言区域受损就会表现为失语，计算区域受损就可能连 1＋1 也计算不出来。脑中风是时时刻刻发生在我们身边的事情，大脑细胞比较特殊的一点是<u>基本不能再生</u>，因此大脑受损后几乎很难恢复。

这张照片是我作为"中国超级大脑人才库"的成员参与大脑记忆与脑区关系研究时所拍摄的，同为成员的还有江苏卫视《最强大脑》节目的队长王峰、王峰的导师袁文魁、人气颇高的魔方墙挑战选手郑才千、圆周率记忆吉尼斯纪录保持者吕超等。研究人员通过对比试验分析得出，我们这一群经过大脑训练或是说懂得方法的人在记忆相同内容的时候，和普通人相比，区别在于：一，大脑耗氧量更大；二，大脑活跃区域较多。也就是说，我们通过用科学的记忆方法达到了调动大脑更多区域的目的。打个比方，一桶水一只手提不起来，那么就用两只手，或是找来一群人帮忙。然而死记硬背就是一只手在强行缓慢地挪动水桶，没有懂得调动其他资源。所以，记忆方法的科学原理其实并不难，就是把大脑更多的区域调动起来。同样读一篇文章，以往的死记硬背重点调动的是听觉区域，认字——翻译成声音（默读或是朗读）——听觉系统联动大脑记忆。而如果加入细节联想，调动空间想象力，那么情况就不一样了。看到写春天的文章，我们就跟着段落的意思去联想春风拂面的心情，鸟儿鸣叫的歌声，迎春花的香味，小溪流淌的美景……这样一来，整个大脑的所有区域就更多地参与了联动，这就是记忆术的秘密。

遗忘的规律和原因

孔子说："温故而知新。"我们为什么需要不断复习已经学过的信息呢？原因很简单，因为每个人的一生都伴随着遗忘，遗忘是我们无法避免的事情。从生理学角度来讲，遗忘是一种自然规律，正如人老了肌肉就会衰退，头发就会变白，皮肤就会起褶皱，骨骼就会萎缩等。记忆可分为显性记忆和隐性记忆，记忆的原理，大脑对信息的处理方式、区域都有所不同，在这里，我们就不去深入探讨生理学上的遗忘原因。除了生理上会发生的自然遗忘，其实遗忘也有一些心理因素，所以，在此我们重点讨论一下心理上遗忘的原因。

条件反射

条件反射是包括人在内的动物的天性，人之所以能记住东西是因为在大脑中形成了条件反射。但是条件反射是会逐渐衰退的，所以我们要不时地刺激这些反射，换而言之就是我们要复习记忆，否则就会遗忘。打个比方，记单词就是建立一种条件反射，我们在记忆的时候通过反复地读、写来刺激大脑建立关联，听到"teacher"我们知道是老师，听到"doctor"我们知道是医生，就这样建立起了条件反射，但是一旦不复习，条件反射就会变弱，最终导致遗忘。上述的单词例子当中，如果我们离开了某个语言环境，从不使用和回想，单词就会很快忘记。你可能会说自己从来不说"teacher"，但是这个单词永远都记得住，那是因为即使自己不说，在我们周围的环境中也会不时听到或者不经意间看到，使用频率高的单词我们主动或者被动复习的频率也高，因此不会忘记。换言之，一些不那么常用的单词，你是否记过一次就永远不会忘了呢？答案很明显，越是复杂不常用的单词，忘得越快，因为条件反射的建立需要一个长期和反复的过程。

信息干扰

遗忘是因为记住的东西受到了其他学习材料的干扰。相信初高中的同学体会很深，在初高中阶段知识记忆量特别庞大，各个学科的知识点在一起很容易相互干扰，造成记忆的混乱，我也有这样的体会。我们知道，毛泽东的恩师兼岳父是杨昌济，他曾是北京大学的知名教授，我很早的时候就知道他，对于他的名字非常熟悉。可是最近，我常常记不起他的名字了，为什么呢？因为我最近在研究明朝的历史，而明史中有一位很有气节的大臣叫杨继盛，我对他十分敬仰，对他的临终诗"浩气还太虚，丹心照千古，生前未了事，留与后人补"更是熟读成诵。于是在我的大脑记忆皮层上，就出现了一个叫杨继盛的记忆兴奋点，因为杨继盛在发音上与杨昌济颇有近似之处，所以就对其造成了干扰，使得我对于前一个名字的记忆虽然没有衰退，但是依然出现了遗忘。信息的干扰不仅仅是近似性而产生的干扰，逻辑性、近意性、关联性也会带来干扰。

提取失败

相信我们都有这样的经历，读书的时候记住的文章等到老师抽查的时候就是想不起来，但是旁边的同学稍微提醒一下我们又想起来了。之所以会这样，是因为我们在提取有关信息的时候没有找到适当的提取线索。这让我想起几年前的一个午后，我和妈妈心血来潮，突然想回到我们十年前住过的地方看看，于是我们就去了。当那个在我梦中无数次出现的小巷，无数次出现的大槐树真的出现在我面前时，我几乎哽咽了。童年的时光就那样一晃而逝，似乎再不留下什么。可是来到这里，我才发现，原来我还记得那么多的故事。在那个午后，我和妈妈绕着童年的小屋静静地徜徉，儿时的记忆在我眼前一点一点地流淌出来，从大槐树那粗大的躯干里流淌出来，从旧屋子那低矮的房檐下流淌出来，从木头门尚未合紧的门缝里流淌出来，从烈日下白亮亮的石阶上流淌出来，记忆的阀门一下子敞开，这一切的一切让我想起儿时蹦蹦跳跳的自己，快乐和幸福的回忆涌上心头。

了解了遗忘的原因，那么我们进行针对性的训练，对症下药，就能大幅度提高自己的记忆力。以上三点遗忘的原因，我们都可以通过记忆术来完美地解决掉。

如何塑造孩子的超强记忆力

按照大脑的发育规律，0~6岁是大脑发育的黄金期（也有种说法是0~8岁），脑细胞比较特殊，它的数量在孩子出生时就已经基本决定，只是这些神经元还没有被"激活"，处于"沉睡"状态，脑细胞几乎不能再生，并不是一个复制——

衰老——替换——再复制的循环过程，因此，大脑的发育更像一个"系统激活"的过程，孩子的聪明程度除了遗传因素，很大部分取决于我们用什么方法来激活这个系统。孩子成长的环境、大人的引导决定了大脑的学习能力、智力（除去先天因素），正因如此，现在越来越多的人懂得了科学育儿的重要性，开始学习如何教养孩子，这是一门学问，也是一种对孩子最好的"投资"。

在平时我经常被问到的一个问题，五六岁的孩子有没有必要学习记忆术的课程。我的线下课堂叫作《轻松练出记忆力》，我的回答是没有必要。原因是：记忆术的学习需要逻辑基础，是方法的学问，然而 6 岁以下的孩子才开始学汉字，学习能力和专注力都较欠缺，学习记忆术是比较难理解和达到效果的。那么 6 岁以下不能通过学习的方法来提高记忆力，有没有其他办法来训练呢？答案是：有的！之前说成长环境、家长的引导决定孩子的后天智力发育，所以办法就是创造环境。

首先，大脑需要丰富的信息输入去刺激神经元，这样神经元才会长出突触，产生链接。然而没有得到刺激的神经元细胞可能就会死掉，所以，从科学角度来讲，无论是谁，他的脑细胞都是越来越少的，我们要在脑细胞发育的黄金期，尽可能有效地进行信息输入。我用以下几个你可能会遇到的问题来进行解答。

❓ Q1

孩子成长的触觉敏感期

孩子成长阶段中会经历"嘴巴、手、脚、再到手"的触觉敏感期，我们总是发现孩子爱把东西往嘴巴里放，爱吃手；

3~6个月又开始用手抓各种东西，反复重复某一种动作，比如撕卫生纸，拍玻璃门；再到脚的敏感期就开始喜欢光脚去踩桌子或是痴迷走石头路、盲道等。这个时候家长应该耐心地陪伴，在保证安全的前提下，不要去干扰孩子的这些行为。但是往往在生活中很多长辈或多或少会不让孩子干这干那，担心卫生或是嫌麻烦、浪费，其实这都是在干扰孩子大脑的正常发育，<u>大脑正是通过这些接触在激活神经元细胞</u>。所以，家长在监护的同时应该放心大胆地让孩子去触摸这个世界，提供各种形状、材质的东西去帮助他刺激神经元细胞。

Q2

能不能看电视

如果家长在孩子成长过程中有足够的陪伴，经常陪他阅读、玩耍的话，那么适当地让孩子看电视也是可以的，也能有助于孩子的大脑发育。当然，前提一定是规定好时间和选择好电视节目。一般的观点认为不要让孩子看电视，认为电视没有互动，是单一输出，甚至有的家庭全天都不开电视，其实这些问题应该辩证地来对待。如果是家长缺少陪伴，还不准孩子干这干那，也不许看电视，这样的孩子大脑接受信息的渠道十分有限，在黄金期会错过刺激神经元的大好时机，孩子长大后大脑思考的敏捷度、活跃度会受影响。电视是一个音视频信息输入的很好的媒体，选择好观看的内容，规定好观看时长才是正确的方法。

Q3

孩子还小，要不要带出去旅游

通过上面两个问题的解答，这个问题的答案显然也是肯定的。有的家长觉得孩子还小，什么也记不住，带出去玩没有意义，这是一个错误的观点。带孩子外出游玩的目的并不是为了要他记住去过哪些地方，而是为了在旅游过程中环境变化的多样性带来的信息输入，也就是说为了刺激神经元的成长。通过旅游让孩子接触新的世界，这样能够很好地刺激大脑。大家可以看看身边朋友的孩子们，经常出去玩的孩子知识面多，性格也更加活泼，从大脑发育的角度来说，正是因为他脑子里的神经元连接丰富，所以才显得更加聪明，在今后的学习中理解能力也会很好。

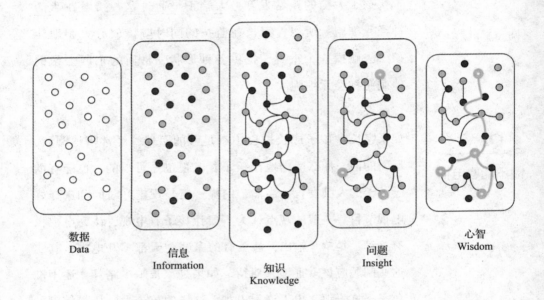

数据
Data

信息
Information

知识
Knowledge

问题
Insight

心智
Wisdom

带着孩子做有氧运动——除了用信息刺激神经元，有氧运动也是在大脑发育黄金期最不应该错过的事情。特别是孩子大脑的发育时期的海马体（大脑中处理暂时信息的一个形状像海马一样的大脑区域），需要为其提供充分的养料，有氧运动能够非常有效地促使大脑耗氧量的提升，能够让大脑更充分、更健康地发育，比如长跑、游泳、跳绳等这些运动都能促进孩子的大脑发育。我们经常看到有这样的孩子，小时候特别调皮，整天就喜欢打打闹闹，但是如果学习习惯、阅读习惯培养得好，一旦孩子认真学习起来，就会发现他可能是班里成绩进步最快的学生。爱运动的孩子大脑其实都是非常聪明的。

培养孩子的<u>视觉空间想象力</u>——孩子的智力高低有很多因素决定，常见的智力测验有瑞文标准推理测验、韦氏智力测验、斯坦福—比奈智商测验等。这些智力测评中视觉空间想象力都是一个重要的测试部分，到底什么是视觉空间能力呢？看看下面两个题型你就明白了。

题型一：右边 A、B、C、D 四个图形中哪一个图形旋转后可以得到题目的图形？

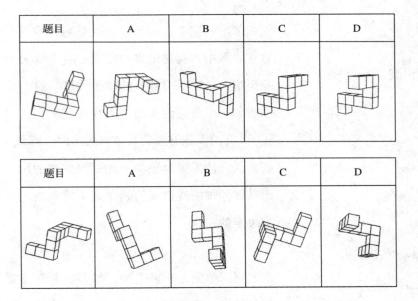

题型二：题目的图形展开以后，可以得到 A、B、C、D 中的哪一个？

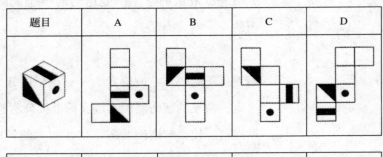

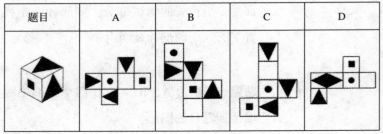

明白了吧？视觉空间想象力就是感知空间的能力，把视觉内容在大脑中再构建出来的能力。这个能力直接影响我们的形象思维，决定了对细节的敏感程度。打个比方：在记忆联想中想象一个身穿白衣的仙人在莲花上行走（李白——青莲居士），有的人能够想到衣裳拂过水面，脚踩一下莲花，水面荡起波纹，仙人像会轻功一样蜻蜓点水的画面。但也有人想不出具体的画面或想到的画面是不清晰的，这都是视觉空间能力决定的。

视觉空间想象力非常重要，很多职业都需要这样的能力，比如飞行员、建筑师、画家、临床医生等。飞行员即使在复杂的天气条件下也能判断飞行姿态、位置、运动情况。如何培养这个能力呢？比如在婴幼儿时期我们会发现孩子喜欢把某个物品移过去又移过来，发现一个纸箱喜欢钻进去又钻出来等，这些行为都是最早期的对空间的探索，我们不应该去打断他们的这些尝试。另外，画画、用照相机教孩子观察拍照，玩魔方、积木，在平时的语言交流中多用一些"侧面""上方"等词语都对视觉空间能力的培养有帮助。

学生和成人如何提升记忆力

对于错过了大脑发育的黄金期，"硬件"已经无法再被改造的成人而言，还有提升记忆力的希望吗？当然有，答案就是——记忆术。记忆术既然是一种方法，一种"工具"，那么它就可以通过刻意练习来不断提升，当我们完全掌握了这门技术，记忆力自然也就提升了。下面我们就开始系统、正式地学习记忆术吧。

开始记忆的第一步
——零散信息记忆只需要懂得"发散转化"

平时我常收到一些读者来信问我，司法考试怎么记、文章怎么记，甚至收到过一些学者、老师问我某个专业概念怎么记等。我们必须明确一个概念，记忆术≠记忆公式。什么意思呢？就是针对一个内容，可以有无数种办法去记它，然而其中只有一种或是几种是适合自己的，不存在哪一种记忆公式可以套用某一种特定的内容。很多介绍记忆术的书籍就是按照记忆方法在归类，比如串联记忆法、谐音记忆法、首字法、编码法、定桩法等。这样一来，初学者在看到自己要记的内容时，就会想到底是用编码法好，还是定桩法好。

那么看到记忆内容的时候，到底该怎么办呢？我将记忆方法归纳为四个步骤：发散＋转化——动态＋连接。虽说是四步，但发散和转化是同时进行的，动态和连接也是同时进行的。下面就来详细了解什么是发散转化。

图形

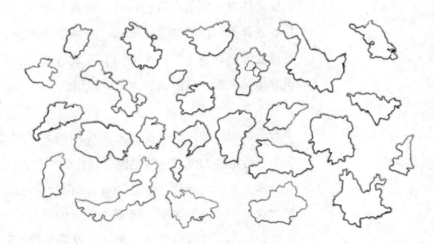

这是我国部分行政区的轮廓示意图，我们需要记忆每一个独立板块的名称。在记忆术的使用者眼中完成这个任务是非常简单的，他们会明显地看出最右下角的图形像孔雀并且说出对应省份名称。发挥你的想象力，不妨把这些轮廓示意图想象成具体的物品，和真空的行政区划进行对照。

把某个抽象图形看成某个具体的物品，这是记忆的第一二步，叫作发散转化。我们的记忆内容往往是抽象、虚拟的概念，大脑无法对抽象信息进行编译、处理、记忆。所以记忆术的核心是什么？借已知记忆未知，变抽象为形象，这样一来大脑就能方便处理了。这个能力对于成人而言，只要有这个意识并稍加实践，就能很快地学以致用。

发散——对于抽象概念的发散思维的能力。我常在教学中让学生进行这样的练习：铅笔能想到什么？学生回答"卷笔刀、文具盒、上学、老师、作业"等，脑洞大一点的学生可能回答"火箭、杀人、黑洞、吸管"等。但是还有一部分学生什么想法也没有。简而言之，这就是发散思维，是在记忆术中需要用到的能力。看到 A 词能不能发散想到和它相关的 B、C、D……这并不取决于你是否了解，而是触发你思考的一种能力。比如说到"希腊"能想到什么？没去过希腊的人就束手无策了吗？显然不是，可以通过谐音想到"吸管、蜡烛、腊肉、稀饭"……

转化——发散的结果中选一个最熟悉的物品代替原信息的过程。发散的能力直接影响记忆时所花的时间，我们要记的绝大多数信息都是抽象的，省份、城市是抽象的（在记忆术中没有具体的画面就称为抽象），姓名是抽象的，数字是抽象的，文章更是抽象的，转化就是把这些抽象信息进行发散联想，想到 B、C、D，其中 D 是具体的，你最熟悉的物品，那么用 D 来代替原来的信息 A 的这个过程就叫作转化。比如说到"意大利"我想到"歌剧""威尼斯""汽车"，这里的"歌剧"和"威尼斯"还是抽象的，我用"汽车"代替"意大利"这个过程就叫作转化。

Abstract Images Memorisation Sheet

世界脑力锦标赛中的抽象图形记忆项目

图形的发散转化首先是看特征，找局部特征，或是在某个物品上进行组合加工。比如上图的左一我就看成一只大肚子的鸟，第二个我就看成莫西干发型的战士，第三个我就看成水桶洒出来的水，第四个我看成穿裙子的兔子，第五个我看成得了颈椎病的鸭子。图形是很难有几乎完全相似的事物的，只能靠外面的想象力、视觉空间能力去加工。

人名

记名字是我们生活和工作中必要的能力，特别是老师，如果很快能记住孩子和家长的名字那会大大增加亲近感。虽说名字是抽象的，但是一提到像关羽、诸葛亮、爱因斯坦这样的名字，我们的大脑里就能浮现出这些人物的大概轮廓、特征、服装颜色等，这是我们在无意中受到了影视剧的影响。但是还有一些人物虽然名字我们很熟悉，却没有一个清晰明确的印象，没有一个具体的细节，比如拿破仑、哥伦布、牛顿这样的名字，当我们要记忆他们相关信息的时候，如果不进行很好的发散转化，那么记忆内容就会出现严重的干扰现象，也就是我之前说遗忘原因时提到的"信息干扰"。"拿破仑"我们可以发散转化成"一个人拿着轮船模型"；"哥伦布"发散转化成"哥哥扛着布"；"牛顿"发散转化成"公牛"，这样一来信息特征就非常明显，记忆便不容易发生混淆了。

亚历山大大帝——马其顿王国

居鲁士大帝——波斯帝国

恺撒大帝——罗马帝国

联想参考

亚历山大→发散转化：大肚子很胖的人

马其顿→发散转化：穿着铠甲的马

联想 大肚子很胖的人骑在马上压得马气喘吁吁

居鲁士→发散转化：拿着锯子的人（实际上动漫 One Piece 里有个人物也叫这个名字，是个瘸子，我就是用这个动漫人物来记忆的）

波斯→发散转化：波浪

联想 用锯子锯开湖面引起波浪，波浪产生了极大破坏力

恺撒→发散转化：扑克牌

罗马→发散转化：罗马角斗场

联想 在罗马角斗场向观众飞扑克牌

做了以上的联想，三者的对应关系就不会发生混淆了。我们在平时的生活和工作中也应该意识到这一点，尝试迈出第一步。

《最强大脑》第一季有一期酷炫又心动的挑战是挑战选手杨冠新对韩国美女的面容进行记忆，电脑随机用两个面容合成一个新的面容，然后选手挑出是由哪两个面容合成的，并说出面容对应的编号。这个挑战也是需要对特征有抓取能力，高度地发散转化然后进行连接。

下图我虚拟了一些名字，作为练习请尝试把名字进行转化，并和对应的面部特征联系起来。

上图是世界脑力锦标赛人们头像的记忆项目原图，在规定时间内尽可能多地记住他们的名字，你不妨用一下前面我们讲到的发散转化的技巧，尝试下能否记住，并在下面的答卷中做答（注意图中已经打乱了他们的排序）。

举一反三

中国人的名字

吴→发散转化：五角星、吴亦凡、蜈蚣（发散转化一定是想到具体的物品，"吴国""没有"这样的逻辑性回答是无法得到提高的）

孙→发散转化：孙悟空、笋子、同花顺

赵→发散转化：照相机、照片、灶台

李→发散转化：李子、梨、离婚证

罗→发散转化：锣鼓、铜锣烧、萝卜

陈→发散转化：橙子、陈皮、城墙

日本人的名字

田中→发散转化：一个人在田里边种地

高桥→发散转化：很高的桥

小川→发散转化：小溪流

中村→发散转化：木屋建筑群

练一练

（答案越多越好）

范→_____

史密斯→_____

彼得→_____

上池→_____

魏→_____

周→_____

唐→_____

米莉亚→_____

马丁→_____

詹姆斯→_____

维卡斯→_____

户田→_____

历史

记忆历史就涉及时间轴，以及历史事件的具体日期、人物名称、关系等，对于历史脉络的梳理用思维导图更加适合，而且具有非常好的效果（思维导图详见下一章思维导图的专题教学），这里我们暂且用一些零散的知识板块来帮助大家练习发散和转化。在世界脑力锦标赛中同样有虚拟历史时间的记忆（虚拟出来的历史事件可防止作弊）。

虚拟历史事件

1269 年劫机者被飞机上的乘客制服了

1245 年番茄酱全球短缺

1188 年网络关闭

1900 年沙漠中发现鲨鱼

1428 年新的化学元素被发现

1259 年蜘蛛逃离动物园

这里需要对每一个历史事件的"时间"和"事件"进行发散转化，当然，数字的发散转化其实就是完整的"数字编码"，如果知道数字编码，那就是现成的内容。在此我们也可以提前尝试练习，说不定你可以提前悟出一套属于自己的数字编码。

首先，年代是由 4 个数字组成，前面我们是习惯把两个数字变成一个编码，也就是说一串年代数据如果不记月份和日期，只需要两组编码就可以了，比如"1269 年"是 12 和 69，那么发散一下，12 谐音"婴儿"，还想到"月份""星座""生肖""野鹅"（谐音）等，其中"婴儿"是具体的，那么我们就用"婴儿"代替"12"，这就完成了转化，这就是一个完整的发散转化的过程。发散是联想到很多相关信息，包括抽象的和具体的。转化是在之前发散出来的信息中决定一个最熟悉、最具体的来代替原来的信息。发散和转化是同时在大脑中完成的。同样，69 可以是"剪刀"（象形）、"太极八卦"（象形）、"六角"（谐音）、"牛角"等。在数字编码体系中，数字对应的编码一般是固定的，也就是说固定用"婴儿"代替"12"，用"剪刀"代替"69"，对于熟练的人来说看到这些数字的时候在大脑中几乎是直接反应出对应的编码图像的，这也是培训行业中经常听到的"图像记忆"的概念。

联想参考

1269 年劫机者被飞机上的乘客制服了

12→婴儿；69→剪刀；事件→机舱内的画面

联想　一个婴儿掏出剪刀要"劫机"并遭到了乘客的嘲笑

1245 年番茄酱全球短缺

12→婴儿；45→师父；事件→番茄酱

联想　师父一个太极掌打飞了婴儿，婴儿口喷番茄酱在空中飞

1188 年网络关闭

11→筷子；88 蝴蝶；事件→路由器

联想　用筷子夹住蝴蝶贴在路由器上可以屏蔽全球网络

1900 年沙漠中发现鲨鱼

1428 年新的化学元素被发现

1259 年蜘蛛逃离动物园

需要注意的是，对于事件的发散转化我们不要拘泥于逻辑联系，否则看似用了记忆术，但实际记忆效果会大打折扣。对于事件可以抓取其中的关键词进行发散，虽然是说一件事情，但是抓住主题物品、人物、场景就已经足够了，大脑在记忆的同时也是在理解记忆的，我们要避免逻辑性的联想，把事件转化成画面是最直接有效的。

真实历史事件

公元 618 年唐朝建立，隋朝灭亡

公元 25 年东汉建立

公元 1069 年王安石开始变法

公元 1842 年中英《南京条约》签订

公元 1860 年《北京条约》签订

公元 1895 年中日《马关条约》签订

年代的转化有可能会遇到两位数和三位数的情况，我们可以采取灵活处理的办法，谐音直接转化或是熟悉数字编码的话可以在前边加 0，比如 618 变成 0618，这样还是两个编码。
当然直接谐音可能来得更方便。

联想参考

公元 618 年唐朝建立，隋朝灭亡

618→牛尾（yǐ）巴；事件→唐朝→唐→棒棒糖

联想 长安城里牛尾巴上挂满棒棒糖

公元 25 年东汉建立

25→二胡；事件→东汉→冬瓜

联想 二胡拉得差就去撞冬瓜

公元 1069 年王安石开始变法

10→蛇；69→八卦；事件→王安石→石头

联想 蛇缠绕在石头上，在四周画上八卦开启变法仪式

 **练 习**

公元 1842 年中英《南京条约》签订

公元 1860 年《北京条约》的签订

公元 1895 年中日《马关条约》签订

清朝年号发散转化练习

天命→甜蜜、红心、医院

天聪→甜葱、舔葱、聪明绝顶

顺治→_____

康熙→_____

雍正→_____

乾隆→_____

嘉庆→_____

道光→_____

咸丰→_____

同治→_____

光绪→_____

宣统→_____

成语

中华文字博大精深，字字珠玑，利用成语来训练发散转化的能力是一个不错的办法，有的成语能够直接想到画面或是具体的物品，有的成语意味深长需要高度发散转化。比如"草船借箭""画龙点睛""龙飞凤舞"这样的成语可以直接浮现出画面，但也有"张三李四""十全十美""一事无成"这样难以图像化的成语。完成这个部分的练习能够大幅提升对记忆术的掌握程度。

练 习　先来后到→一个人坐在椅子上，其他人围在旁边

南来北往→十字路口

冷言冷语→嘴巴说话吐出冰雪

明明白白→＿＿＿＿＿＿＿＿＿＿＿＿＿＿＿＿＿＿＿＿

百无是处→＿＿＿＿＿＿＿＿＿＿＿＿＿＿＿＿＿＿＿＿

怦然心动→＿＿＿＿＿＿＿＿＿＿＿＿＿＿＿＿＿＿＿＿

八仙过海→＿＿＿＿＿＿＿＿＿＿＿＿＿＿＿＿＿＿＿＿

欣欣向荣→＿＿＿＿＿＿＿＿＿＿＿＿＿＿＿＿＿＿＿＿

甜言蜜语→＿＿＿＿＿＿＿＿＿＿＿＿＿＿＿＿＿＿＿＿

一鸣惊人→＿＿＿＿＿＿＿＿＿＿＿＿＿＿＿＿＿＿＿＿

春华秋实→＿＿＿＿＿＿＿＿＿＿＿＿＿＿＿＿＿＿＿＿

单刀直入→＿＿＿＿＿＿＿＿＿＿＿＿＿＿＿＿＿＿＿＿

显而易见→＿＿＿＿＿＿＿＿＿＿＿＿＿＿＿＿＿＿＿＿

度日如年→_____

四面八方→_____

后继有人→_____

万众一心→_____

无边无际→_____

繁荣昌盛→_____

大显身手→_____

灵丹妙药→_____

自始至终→_____

耳聪目明→_____

做好文字的发散转化非常有利于对文章的记忆，在记忆的过程中，转化的图像可以很好地成为练习文章前后逻辑的线索，有效地帮助回忆。

专业词

在各行各业中，有的工作需要用到大量的专业术语，如果能将这些常用的专业术语进行编码，那么就能大大提高工作效率。所谓编码，也就是提前做好的发散和转化。

司法类

实现科学立法、严格执法、公正司法、全民守法，促进国家治理体系和治理能力现代化。

比如记忆上面这段话，像这样的政治相关内容在实际记忆的时候是非常容易产生干扰的，概念很抽象，我们必须在熟读理解的基础上用记忆术对文字内容进一步加工。这段话的"科学立法、严格执法、公正司法、全民守法"部分，虽然是每一组四个字，但实际是常用的固定组合。比如说到"立法"就能联系想到"科学"，而不是"公正立法""严格立法"。实际上我们真正核心要记住的内容是"立法、执法、司法、守法"，这样一明确，记忆就变得简单了。发散转化：立法→本子；执法→警棍；司法→锤子；守法→绵羊。用串联或是其他方式把关键词"连接"起来，就能起到帮助记忆的效果了（连接的问题将在下一章详细讲解）。

八荣八耻

以热爱祖国为荣，以危害祖国为耻。

以服务人民为荣，以背离人民为耻。

以崇尚科学为荣，以愚昧无知为耻。

以辛勤劳动为荣，以好逸恶劳为耻。

以团结互助为荣，以损人利己为耻。

以诚实守信为荣，以见利忘义为耻。

以遵纪守法为荣，以违法乱纪为耻。

以艰苦奋斗为荣，以骄奢淫逸为耻。

这个内容的记忆方法和上一段相似。每一句的前后是反义关系，记住第一句就可以，每一句的前半句都是四个字的常用词组或是口号，还是和上一段一样，关键词可以精确提取两个字就可以了，比如"热爱祖国"是常用组合，记住"祖国"就可以通过推理答出整句话了。记忆的策略在日常使用当中也是非常重要的。

转化参考

祖国→国旗

人民→人群

科学→爱因斯坦

劳动→扫把

练习

互助→_____

守信→_____

守法→_____

奋斗→_____

初高中学科

A——腺嘌呤；T——胸腺嘧啶；

C——胞嘧啶；G——鸟嘌呤

理科中类似这样的专业名词并不少，涉及它们的作用、反应、组合等需要牢靠的记忆才能保证考试不会出错，只要做好发

散转化，这样固定下来以后就有了类似"数字编码"一样的
效果，可以长期、反复地去使用它。

联想参考 ☀

A→铁塔；腺嘌呤→线

联想　被线缠满的铁塔

T→钉子；胸腺嘧啶→熊

联想　到处飞钉子的熊

C→月亮；胞嘧啶→包子

联想　月亮馅的包子

G→马桶；鸟嘌呤→鸟

联想　马桶里养鸟

元素名称转化：

钾、钙、钪、钛、钒、铬、锰、铁、钴、
镍、铜、锌、镓、锗、砷、硒、溴、氪

做好发散转化可以轻而易举地记住元素周期表，想想"金"
是 79 号元素，金发散转化成"金条"，79 转化为"气球"，
联想"把金条塞到气球里放飞"，这样每提到一个元素就能
第一时间想到它所对应的原子序数。

转化参考 💡

钾→甲鱼

钙→钙片

钪→康师傅

钛→太阳

练习

钒→＿＿＿＿＿＿＿＿＿＿＿＿＿＿＿＿＿＿＿＿

铬→＿＿＿＿＿＿＿＿＿＿＿＿＿＿＿＿＿＿＿＿

锰→＿＿＿＿＿＿＿＿＿＿＿＿＿＿＿＿＿＿＿＿

铁→＿＿＿＿＿＿＿＿＿＿＿＿＿＿＿＿＿＿＿＿

钴→＿＿＿＿＿＿＿＿＿＿＿＿＿＿＿＿＿＿＿＿

镍→＿＿＿＿＿＿＿＿＿＿＿＿＿＿＿＿＿＿＿＿

铜→＿＿＿＿＿＿＿＿＿＿＿＿＿＿＿＿＿＿＿＿

锌→＿＿＿＿＿＿＿＿＿＿＿＿＿＿＿＿＿＿＿＿

镓→＿＿＿＿＿＿＿＿＿＿＿＿＿＿＿＿＿＿＿＿

锗→＿＿＿＿＿＿＿＿＿＿＿＿＿＿＿＿＿＿＿＿

砷→＿＿＿＿＿＿＿＿＿＿＿＿＿＿＿＿＿＿＿＿

硒→＿＿＿＿＿＿＿＿＿＿＿＿＿＿＿＿＿＿＿＿

溴→＿＿＿＿＿＿＿＿＿＿＿＿＿＿＿＿＿＿＿＿

氪→＿＿＿＿＿＿＿＿＿＿＿＿＿＿＿＿＿＿＿＿

化学中常用的化学式、化学名称都可以事先进行发散转化，将它们"编码化"，这样会给学习带来很大的便利。请注意，编码化是指用任意一个熟悉的东西去代替原事物，比如二氧化碳、氢氧化钠、氯化钙、碳酸氢钠等这些在学习过程中很有可能会混淆的内容，不要惯性地、逻辑性地去发散它：二氧化碳一定要想成气体，氢氧化钠一定要想成某种复杂的颗粒（不一定要想成它实际的样子）。二氧化碳可以是被子；氢氧化钠可以是谐音"企业垮了"或是"气氧化了"，可以联想到气泡，气泡再联想到可乐。总而言之，只要你自己可以识别就没有问题，它就是属于你，帮助你记忆的独有的编码。

练 习

二氧化锰→_____

四氧化三铁→_____

三氧化二铁→_____

磷酸→_____

盐酸→_____

硝酸→_____

碳酸钾→_____

碳酸镁→_____

碳酸钙→_____

氢氧化铝→_____

请注意，有部分初学者会觉得将专业术语编码化"反而变得麻烦了"，这样的固化思维正是阻碍记忆力提升的因素，要知道这和我们电脑打字的道理是一样的，不熟悉键盘的时候打字肯定没有写字快，但是一旦熟练了，打字速度就远远超过写字的速度。第一步创造编码的时候固然需要一些时间去熟悉，但是一旦熟悉了以后，会发现在学科的记忆问题上将会变得畅通无阻。

单词转化

在"死记硬背 PK 记忆术"部分，针对单词的记忆已经比较详细地介绍了"拆分"和"谐音"两种方法，下面请你脑洞大开，放下对英语学习的固有观念，大胆地读和观察。

拆分参考

income [ˈɪnkʌm] 收入

拆分　in 进——come 来

联想　收入全部进到我兜里来

direct [dəˈrekt] 直接的

拆分　di 弟——re 热——ct CT

联想　弟弟发热直接送去照 CT

insect [ˈɪnsekt] 昆虫

拆分　in 进——se 色——ct CT

联想　昆虫飞进一个彩色的 CT

 练 习

floor ［flɔː(r)］地板
拆分 _____

spade ［speɪd］铲子
拆分 _____

tiger ［ˈtaɪɡə(r)］老虎
拆分 _____

sword ［sɔːd］剑
拆分 _____

tomb ［tuːm］坟墓
拆分 _____

liquid ［ˈlɪkwɪd］液体
拆分 _____

mushroom ［ˈmʌʃrʊm］蘑菇
拆分 _____

seed ［siːd］种子
拆分 _____

谐音参考

garlic ［ˈɡɑːlɪk］大蒜
谐音 哥来颗
联想 给哥来颗大蒜

fragile [ˈfrædʒaɪl] 易碎的

谐音　罚酒

联想　打碎了易碎的玻璃杯罚酒

gesture [ˈdʒestʃə(r)] 手势

谐音　假使劲儿

联想　让你做好姿势你却假使劲儿

patient [ˈpeɪʃnt] 病人，耐心的

谐音　拍醒他

联想　病人睡着了，拍醒他

练　习　yard [jɑːd] 院子

谐音　_____

betray [bɪˈtreɪ] 背叛

谐音　_____

normal [ˈnɔːml] 正常的

谐音　_____

pest [pest] 害虫

谐音　_____

jungle [ˈdʒʌŋgl] 丛林

谐音　_____

squeeze [skwiːz] 挤

谐音 _____

storm [stɔːm] 暴风雨

谐音 _____

silly [ˈsɪli] 蠢的

谐音 _____

porridge [ˈpɒrɪdʒ] 稀饭

谐音 _____

steam [stiːm] 蒸汽

谐音 _____

shabby [ˈʃæbi] 破旧的

谐音 _____

prevent [prɪˈvent] 防止

谐音 _____

举一反三

不仅是英语, 打开了思路你会发现, 其实任何语言都可以用 "记忆谐音" 的方式来处理。 不管是哪一门语言, 用记忆谐音的方式几乎可以处理三分之二的单词。

日语谐音参考

おてあらい　 【お手洗い】洗手间

谐音 我特爱来

联想 洗手间是我特别爱来的地方

くすり 【薬】药

谐音 苦死你

联想 药当然苦死你

ざっし 【雑誌】杂志

谐音 炸稀

联想 杂志被一颗炸弹炸得稀巴烂

べんきょう 【勉強】学习

谐音 本科哟

联想 爱学习至少可以考个本科哟

すわる 【座る】坐

谐音 丝袜露

联想 一坐丝袜就露了出来

いたい 【痛い】痛的

谐音 一胎

联想 即使只生一胎也是很痛的

诗词古文

诗词的记忆部分通常需要对抽象的接续词、语气助词等进行高度转化，如果转化得不好，可能会在回忆的时候想不起原文。

诗经·蒹葭（部分）

蒹葭苍苍，白露为霜……蒹葭萋萋，白露未晞……蒹葭采采，白露未已

转化参考

苍苍……为霜→苍蝇……宝宝霜

萋萋……未晞→妻子……喂稀饭

采采……未已→踩踏……卫衣

记忆古诗文的时候，有的人最开始会不习惯这样的转化或是思维没有完全打开，也有人会觉得这样会破坏诗文的意境，在现实教学中可能也会遭遇来自家长或学生的疑问。这时我们应该换一个角度来看待这个问题。首先，我们这样解决的是"记忆"问题；其次，这样会增加背诵的乐趣，让画面变得略显"奇葩"，但大脑就是喜欢惊奇的事物，增加学习乐趣和动力；再次，欣赏古诗也是建立在能记住的基础上的，当我们真正能够脱口而出的时候转化的画面已经不重要了，也不用回想转化的画面，它的作用就是最开始还记不熟的时候提供帮助，我们的联想能够非常精确和真实地把意思区分开，不会相互干扰和混淆；最后，很多考上重点大学的记忆高手们都是这样记忆的，关键时刻还得靠方法拿分，能记住才是最终目的。

三字经（节选）

……，……

惟书学，人共遵。

既识字，讲说文。

有古文，大小篆。

隶草继，不可乱。

……，……

记忆古诗文首先是熟读，熟悉音律和节奏，像背诵《三字经》这样的长篇内容也有很多记忆方法，可以固定记住每一句的第一个字，起到统一的提醒效果，也可以是用联想画面的方式想象出一个超长的故事，还可以是用记忆宫殿来锁住关键字，这里我们取每一句的关键字来进行转化练习。在长篇文章选择关键字的时候可以尽量避免前后的重复，选择不同的词作为关键字。

转化参考

书、遵→书本、金樽

既、讲→鸡、喇叭

古文、篆→甲骨文、电钻

隶、可→鲤鱼、可乐

春江花月夜（节选）

……，……

春江潮水连海平，海上明月共潮生。

滟滟随波千万里，何处春江无月明！

江流宛转绕芳甸，月照花林皆似霰。

空里流霜不觉飞，汀上白沙看不见。

江天一色无纤尘，皎皎空中孤月轮。

……，……

这首诗重复的字就非常多，比如春、江、水、月等，所以选择关键词的时候可以尽量避免选择它们。

转化参考

潮水、明月→大浪、明月

滟滟、何处→一群燕子、喝醋

宛转、花林→碗在转、花开在林间

觉飞、汀上→睡觉的时候飞到天上、钉子

纤尘、皎皎→无数根线、一群鲨鱼

《道德经》第十八章

大道废，有仁义；

慧智出，有大伪；

六亲不和，有孝慈；

国家昏乱，有忠臣。

 **练 习**

大道、仁义→＿＿＿＿＿＿＿＿＿＿＿＿＿＿＿＿＿

慧智、大伪→＿＿＿＿＿＿＿＿＿＿＿＿＿＿＿＿＿

六亲、孝慈→＿＿＿＿＿＿＿＿＿＿＿＿＿＿＿＿＿

国家、忠臣→＿＿＿＿＿＿＿＿＿＿＿＿＿＿＿＿＿

能够熟练发散转化文字信息需要一定的练习积累，一旦习惯这样的方式，任何信息都可以记住。比较合理的转化发散一定要有形或动态，一定要自己熟悉而且贴近原文，在我们通过转化信息能够百分百还原原文的时候，就已经是记忆高手了。本章节重点讲述记忆的第一二步，相当于将信息组装成大脑能识别的样子，像是计算机的转码，下一章我们将学习如何将信息写入大脑。

072　　一本书学会超级记忆术和思维导图

记忆的第二步
——记住而不忘的秘密
"动态和连接"

有了第一步的发散转化，接下来的第二步动态连接就是将信息写入大脑的具体技巧，它的完成质量直接关系到记忆的正确率以及信息停留在大脑的时间。

什么叫连接？很简单，就是把两个或多个信息联系起来的能力。用什么连？想象力！怎么想？如何想？这些都是有方法和技巧的。什么叫动态？就是普通的、逻辑性的联想不可靠，需要画面清晰的动态十足的联想才能达到效果，这和本书前面章节说到的视觉空间想象力有关系，结合起来，也就是说把信息用动态夸张的方式进行联想，就叫作动态连接。

让我们想象喜欢的俊男或美女在微笑比较简单，想象花儿、云朵在微笑，也能想到，但是画面就比俊男美女模糊一些了。那么，想象马桶在咬人，抽屉喷出巧克力，铅笔变成金箍棒，大树把自己拧成麻花卷儿呢？这些天马行空的想象到底在你大脑中如何呈现的？如果"看"不到细节，没有动态，那在实操使用的时候，你可能就会被困扰。

比如"纸箱"和"面条"这两个词，要让它们产生联系有无数种联想，"纸箱里装着面条"的联想是初学者最容易想到的答案，但是这是非常低质量的联想，一是没有动态，二是没有融入物品的特征，这样的联想太逻辑性，会造成在回忆的时候想不起"纸箱里到底装的是什么东西"的困扰，记忆变得模糊，因为任何东西都可以装到纸箱里，那应该如何去联想呢？

（1）纸箱下有无数小孔，用力挤出了很多面条。

（2）把纸箱撕成长条下碗面。

（3）面条当作绳子捆在纸箱外面。

（4）用纸箱煮面。

（5）用纸箱端面条，但是纸箱沾水湿了以后面条撒了出来。

（6）纸箱中间有个洞，刚好可以塞一块没有泡的方便面。

（7）吃面的时候吃出了纸箱。

（8）躲在纸箱里吃面。

（9）煮面的时候加了些纸箱碎片。

以上的任何一个联想，从记忆术的角度来说都比"纸箱里装着面条"要好，因为它融入了特征和动态。动态连接的时候请尽量避免一些逻辑性的联系，要去联想夸张的画面。

 练 习　每一题尽可能多地写出不一样的连接。

"子弹"和"电视机"

"皮衣"和"榴莲"

_____

"键盘"和"手套"

_____

"叶子"和"马克杯"

_____

"筷子"和"牛奶"

_____

完成上面的基础练习以后，下面让我们通过实例来学习。

医药

假设这里有一个医药方子可以包治百病，这些中药分别是：杏仁、生石膏、五味子、射干、知母、制鳖甲、大枣、麻黄、茯苓、人参，结合上一章的发散转化，具体的记忆过程如下：

第一步（发散转化）：杏仁→银杏叶、生石膏→裸体大卫石膏雕塑、五味子→调料瓶、射干→弓箭、知母→拇指、制鳖甲→甲鱼、大枣→大枣、麻黄→香烟、茯苓→埋伏的士兵、人参→人参，这里的转化完全因人而异，如果你本来就很熟悉中草药，那么你可以转化得更贴切。

第二步（动态连接）：用银杏叶去遮住大卫的身体，雕塑突然碎了一地，捡到一个调料瓶，看调料瓶的小孔的时候里边猛一下射出一支弓箭，弓箭射伤了大拇指还流了血，大拇指去冲水的时候又被甲鱼死死咬住不放，用无数大枣像子弹一样射甲鱼的壳，甲鱼才松开，坐下点一根香烟压压惊，随地丢烟头丢到了埋伏的士兵身上，士兵正在瞄准一颗会跑的人参。

如果你在仔细阅读上面联想过程的时候大脑也想出了相应的画面，那相信你一定能够完美地回忆出这十个信息。在这个联想当中，每一个连接都有"动态"和物品的特征，如果不经过练习，很有可能你的联想是这样的：拣银杏叶的时候发现了大卫的雕像（看到什么东西这样并没有直接接触），雕像手里拿着调料瓶（手里可以拿任何东西），然后我拿起弓箭射箭（初学者最容易犯的错误之一，"然后什么什么"这样的逻辑性联系不能帮助记忆，因为没有动态画面），射箭的时候伤了拇指（是擦伤还是划伤还是什么伤？联想的时候不明确是否"看"清了细节），然后吃甲鱼补身体（还是犯了"然后"的错误，而且吃也笼统了），吃甲鱼的时候吃到一颗大枣（可以进一步联想是嗑痛了牙还是被卡了喉咙），一边吃大枣一边吸烟，走路的时候看到一个埋伏的士兵（"看到"不如直接的接触印象深刻），士兵正在挖人参（也可能是在挖萝卜呢）。我们可以对比上下两组，第一组是动态的和有直接接触性的，第二组却画面感不强，逻辑性的因果联系容易导致回忆不起来。

元素周期表

利用数字编码工具来记化学元素是一件方便又实用的事情，哪怕是一点也不懂数字编码的高中生，只要熟悉半个小时，记住元素周期表就是轻而易举的事情。我们以 19 号元素钾开始进行练习。

联想参考 🔆

钾——19→甲鱼——药酒（谐音）

欠佳连接 甲鱼泡药酒（也可能泡蛇或泡人参，容易回忆不起来）

动态连接 鲜活的甲鱼丢进药酒里看着它从最开始的挣扎到慢慢无力

钙——20→骨头——蜗牛（2 像身子，0 像壳）

欠佳连接 骨头上有只蜗牛在爬

动态连接 蜗牛从骨头上爬过流出腐蚀性液体，骨头开始熔化

钪——21→炕——鳄鱼（谐音）

欠佳连接 炕上有只鳄鱼

动态连接 鳄鱼在烧红的炕上张开大口

练 习　　钛——22→_____

动态连接 _____

钒——23→ _____

动态连接 _____

铬——24→ _____

动态连接 _____

锰——25→ _____

动态连接 _____

铁——26→ _____

动态连接 _____

钴——27→ _____

动态连接 _____

镍——28→ _____

动态连接 _____

铜——29→ _____

动态连接 _____

锌——30→ _____

动态连接 _____

OK，请再回忆一下刚才自己记忆的内容，不管是通过元素名称回忆原子序数，还是通过序数回忆名称，都能准确无误地回想起来，是不是后悔高中的时候为什么不会这个方法呢?

国家首都

国家	首都
也门	萨那
老挝	万象
波兰	华沙
柬埔寨	金边
保加利亚	索非亚
黑山	波德戈里察
爱尔兰	都柏林
匈牙利	布达佩斯
列支敦士登	瓦杜兹
冰岛	雷克雅未克
捷克	布拉格
澳大利亚	堪培拉

联想参考

也门——萨那→长满毛的门——刹车

欠佳连接 在长满毛的门前刹车了

动态连接 车刹不住眼睁睁看着车撞上门了

老挝——万象→老太太——象群

欠佳连接 老太太养了一万头大象

动态连接 无数大象喷水把老太太喷向了天空

波兰——华沙→菠菜——滑沙

欠佳连接 一边吃菠菜一边滑沙

动态连接 穿着菠菜叶做的衣服，心里害怕叶子掉落却又在一边滑沙

练习

柬埔寨——金边→ _____

动态连接 _____

保加利亚——索非亚→ _____

动态连接 _____

黑山——波德戈里察→ _____

动态连接 _____

爱尔兰——都柏林→ _____

动态连接 _____

匈牙利——布达佩斯→ _____

动态连接 _____

列支敦士登——瓦杜兹→ _____

动态连接 _____

冰岛——雷克雅未克→ _____

动态连接 _____

捷克——布拉格→ _____

动态连接 _____

澳大利亚——堪培拉→ _____

动态连接 _____

英语单词

英语单词的记忆在前面的内容中已经有所提及，主要可以按照拆分和记忆谐音的方式来处理。前者解决单词的拼写问题，后者解决词义和读音问题。不管哪一种，按照记忆术的方式，都需要把词义和**单词**（拼写或是读音）进行连接，有效动态的连接在记忆单词的时候尤其重要，用想象力还原单词的场景是记忆单词的核心思想。

tooth [tuːθ] 牙齿

记忆谐音　兔死

欠佳连接　兔子死了牙齿露了出来

动态连接　拎着一只死兔子的牙齿走

pond [pɒnd] 池塘

记忆谐音　胖的

欠佳连接　胖子在池塘

动态连接　一群胖子涌进池塘，池塘的水都溢出来了

betray [bɪˈtreɪ] 出卖

记忆谐音　悲催

欠佳连接　出卖者的下场是很悲催的

动态连接　一个出卖伙伴的人穿囚衣在大牢哭泣，一直哭诉
　　　　　自己命运的悲催

sink [sɪŋk] 淹没，下沉，洗碗槽

拆分　si 撕——nk 内裤

欠佳连接　撕了内裤扔进洗碗槽

动态连接　挤在大号水槽里撕内裤

nuclear ['njuːklɪə(r)] 原子核的

记忆谐音　六克梨儿

欠佳连接　用六克梨可以造出原子弹

动态连接　小心翼翼地在天平上放了六克梨，放最后一个的时候引起了大爆炸

sheet [ʃiːt] 被单，薄片

记忆谐音　洗它

欠佳连接　被单要不要洗

动态连接　保洁阿姨抖动着被单问你到底要不要洗

pioneer [ˌpaɪə'nɪə(r)] 开拓者

记忆谐音　派你啊

欠佳连接　开拓新市场公司当然是派你去啊

动态连接　公司屏幕放着开拓荒山的画面，所有同事指着你说派你去

guard [gɑːd] 警卫，防护装置

记忆谐音　高达（经典动漫）

欠佳连接　高达是我们的警卫

动态连接　高达是我们的警卫，高达穿着警卫服做了一个很酷的 pose

 练 习

politician [ˌpɒləˈtɪʃn] 政治家

记忆谐音 跑来提醒

动态连接 _____

ugly [ˈʌgli] 丑陋的

记忆谐音 啊隔离

动态连接 _____

exam [ɪgˈzæm] 考试

记忆谐音 一个人

动态连接 _____

independence [ˌɪndɪˈpendəns] 独立

记忆谐音 硬的胖电池

动态连接 _____

stove [stəʊv] 火炉

记忆谐音 撕豆腐

动态连接 _____

mosquito [məˈskiːtəʊ] 蚊子

记忆谐音 摸司机头

动态连接 _____

turkey [ˈtɜːki] 火鸡

`拆分` tur 突然——key 钥匙

动态连接 _____

damage [ˈdæmɪdʒ] 毁坏

拆分　dama 大妈——ge 歌

动态连接 _____

comedy [ˈkɒmədi] 喜剧

拆分　come 来——dy 电影

动态连接 _____

degree [dɪˈɡriː] 学位

记忆谐音　地柜

动态连接 _____

文章记忆

文章记忆并没有统一的公式，因为文章有不同的文体，内容也完全不一样，对于文章的记忆而言，需要对记忆术灵活使用才能达到事半功倍的效果。

登高

杜甫

风急天高猿啸哀，
渚清沙白鸟飞回。
无边落木萧萧下，
不尽长江滚滚来。
万里悲秋常作客，
百年多病独登台。
艰难苦恨繁霜鬓，
潦倒新停浊酒杯。

每个人都有涂鸦的天性，当我们拿起画笔在纸上认真描绘的时候，我们对画过的图案会留下深刻的印象，这一点对于爱绘画的人来说体会更加深刻。在这里，我们介绍另一种帮助记忆的方式——涂鸦记忆，它依然需要发散转化、动态连接的步骤。涂鸦可以帮助我们构想细节，调动大脑更多的区域参与记忆，效果非常明显，让学生们养成这个习惯，掌握这个方法能够有效提升记忆效果。涂鸦记忆具体怎么做呢？参照下面的步骤。

第一步：熟读原文，让音律给大脑留下印象。
第二步：发散转化并开始涂鸦。
第三步：完成涂鸦，回忆原文。

涂鸦参考

如果这是一幅自己画的涂鸦，那么闭上眼睛回忆，一定能够清晰地回忆出 1~8 的绘制顺序，这就是涂鸦记忆的乐趣所在。它的重点是借助涂鸦的步骤，帮助回忆，把绘制步骤做成了回忆的线索。这样既没有破坏原文意境（教学过程中有很多家长在乎记忆术的使用是否破坏了原文的意境），也让记忆增加了十足的乐趣。请注意，并非把每一句的意境画出来，而是抓取关键字即可，因此，第一句发散转化成了云朵；第二句发散转化成一堆沙子，小鸟在飞的画面；第三句发散转化成了木头落下的画面；第四句发散转化成滔滔的江水；第五句发散转化关键词"秋"，画了枫叶；第六句由"多病"发散转化成了针管；第七句由"艰难"发散转化成了两个路障；第八句发散转化成了啤酒杯。画面虽然不是动态的，但是我们在涂鸦构想画面的时候，脑袋里边已经让场景"动态"了起来。涂鸦记文章或诗词，是非常有效又有趣的方法。

雨巷 （节选）
戴望舒

撑着油纸伞，独自

彷徨在悠长、悠长

又寂寥的雨巷

我希望逢着

一个丁香一样地

结着愁怨的姑娘

她是有

丁香一样的颜色

丁香一样的芬芳

丁香一样的忧愁

……

现代文的记忆用得更多的方法就是联想构建画面，文字本身只是一种传播媒体，作者看到美景，产生感触，然后用文字表达出来，读者再通过文字去感受作者看到的美景，作者的心境，这样一来，文字就像一种带着"翻译使命"的工具一样。

当我们习惯了联想的方式，那么请一定生动地去联想上面的文字画面，注意还原"细节"和"动态"，想象自己是一个大导演，去导演每一个画面。

联想参考

撑开一把蓝色的油纸伞，左顾右盼都没人

望了下天空，又用雨伞遮住，走在雨巷，见不到尽头

摸一下雨巷的青石砖

停下脚步，深呼吸（表示希望）

想象在丁香花丛中的一个姑娘

姑娘脸上泛着忧愁的表情，捋着头发

挽起她紫红色的衣服

一阵芳香扑鼻而来

又看见她忧愁的表情

……

需要注意的是，在联想画面的时候需要把握分寸，掌握好一个尺度，就是不要加入太多多余的元素，加入的信息太多会产生干扰，降低回忆的质量，有的时候不加入又起不到回忆的效果，因此，这个"度"是在不断地练习和实践中掌握的。在具体回忆的时候，容易遗忘的部分可以反复地去构建画面，容易记忆的部分可以简单构建画面或是不用构建，这些都需要根据实际情况来灵活使用，真正的记忆高手，思维一定是柔性、灵活、发散的。

以拼代学

灵活地运用记忆术，核心的要点就是要尽可能多地调动大脑的区域，在我的线下课堂上，我甚至会让孩子们完全释放开约束，用动作、形体、激昂的舞蹈等去帮助他们记忆内容，加深印象。经过数年的一线教学积累以及大量的课程研发，我们独创性地发明了更能结合教学、互动十足、非常有趣的、全新的记忆方式——拼图记忆。

一般的拼图都是风景或是单一的图案，拼完就会扔一边。而我们独创的记忆拼图（已取得国家专利和注册商标）将记忆知识点变成了有趣的画面，在教学过程中以拼代学，不论是低龄段的孩子还是高年级的学生，通过拼拼图的方式，能够调动他们提高专注力，调动大脑所需要支配的精细动作运动区域、视觉区域等加入到了记忆当中。我们将拼图赋予了教学元素，经过一段时间的测试，效果非常明显。

比如，让 3~5 岁的孩子记住十二生肖，我们通过记忆术的处理，将十二生肖画成了运动场景，赋予每一个生肖动物有趣的运动，这样孩子就能在拼的过程中留下深刻的印象。

商品介绍图

又如，针对 6~8 岁的孩子，要记住八大行星，同样我们将内容用记忆术进行处理，把"八大行星"这一知识点画成了他们非常熟悉的"老鹰抓小鸡"的游戏，这样一来，既能提高孩子的学习兴趣，又让孩子学到了知识。玩亦是学，学亦是玩。

商品介绍图

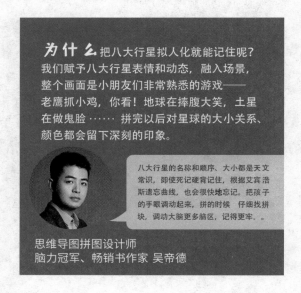

再如，我们从小就用口诀来记忆历史朝代，"夏商和西周，东周分两段，春秋和战国，一统秦两汉，三分魏蜀吴，二晋前后延，南北朝并列，隋唐五代传，宋元明清后，皇朝至此完"。但是，随着大语文概念的到来，对历史的脉络必须有更清晰的了解，当我们看到这样的历史朝代表的时候，我相信大部分学生内心是排斥的。

朝　代			起　讫	都　城	今　地
	夏		约前2146-1675年	安邑	山西夏县
	①商		约前1675-1029年	亳	河南商丘
周	西周		②约前1029-771年	镐京	陕西西安
	东周		前770-256年	洛邑	河南洛阳
	秦		前221-207年	咸阳	陕西咸阳
汉	③西汉		前206一公元25	长安	陕西西安
	东汉		25—220	洛阳	河南洛阳
三国	魏		220-265	洛阳	河南洛阳
	蜀		221-263	成都	四川成都
	吴		222-280	建业	江苏南京
	西晋		265-317	洛阳	河南洛阳
东晋十六国	东晋		317-420	建康	江苏南京
	④十六国		304-439	—	—
南朝	宋		420-479	建康	江苏南京
	齐		479-502	建康	江苏南京
	梁		502-557	建康	江苏南京
	陈		557-589	建康	江苏南京
北朝	北魏		386-534	平城	山西大同
				洛阳	河南洛阳
	东魏		534-550	邺	河北临漳
	北齐		550-577	邺	河北临漳
	西魏		535-557	长安	陕西西安
	北周		557-581	长安	陕西西安
	隋		581-618	大兴	陕西西安
	唐		618-907	长安	陕西西安
五代十国	后梁		907-923	汴	河南开封
	后唐		923-936	洛阳	河南洛阳
	后晋		936-946	汴	河南开封
	后汉		947-950	汴	河南开封
	后周		951-960	汴	河南开封
	⑤十国		902-979	—	—
宋	北宋		960-1127	开封	河南开封
	南宋		1127-1279	临安	浙江杭州
	辽		907-1125	皇都(上京)	内蒙古 巴林左旗
	西夏		1038-1227	兴庆府	宁夏银川
	金		1115-1234	会宁	阿城(黑龙江)
				中都	北京
				开封	河南开封
	元		1206-1368	大都	北京
	明		1368-1644	北京	北京
	清		1616-1911	北京	北京
	中华民国		1912-1949	南京	江苏南京
中华人民共和国1949年10月1日成立，首都北京。					

中国历史朝代表

用以拼代学、以拼代记的方式，我们就能很好地解决这个问题，我们把历史朝代表设计成了美丽的江山画卷，通过动手拼来解决记忆单一的问题。

商品图

为什么把历史朝代画成画卷就能记住呢？
历史朝代表一般都是枯燥的、没有颜色的线性表格，非常不便于记忆。变成江山画卷图就赏心悦目，可以收藏也方便记忆。同时，画卷上对应的每个朝代都加了小小的剪影图案，让时间轴更有故事性。

历史朝代的记忆很容易相互混淆，时间轴不清晰，拼这幅画卷的时候哪里朝代更迭快？哪里拥挤？哪里跨度长？这些问题都在找拼块、衔接汉字的时候留下深刻的印象，帮助记忆。

思维导图拼图设计师
脑力冠军、畅销书作家 吴帝德

思维导图拼图

拼出好记性系列

可以学知识的拼图

把知识画成有趣的插图，以拼代学，拼出好记性。

世界记忆冠军团队研发，图中融入科学记忆方法。

教育于无形，培养学习能力，拼完就能记住知识。

总而言之，记忆术应该包含灵活的思考模式、记忆方式，只要是调动大脑参与其中，未来也许还有更多更有意思的方式被我们发明创造出来，未来的学习也许是虚拟现实等更有趣的手段，打开我们的脑洞，让我们用方法改变传统的学习方式，让传统的学习模式进入高速学习的新时代。

秒记一切数据信息的编码系统
——数字编码

00～99 数字编码

恭喜你终于读到了数字编码这一章，通过前面的尝试和练习，我们对数字编码已经有了基本的了解。现在，你只需要像刚开始用手机打字一样，循序渐进地去熟悉这些编码，记忆速度就会逐步提高，它将成为你有力的记忆武器，解决掉一切和数字有关的记忆问题。

在世界脑力锦标赛中，中国的记忆选手通常用的是两位数的编码，从00～99一共一百个编码，熟悉这一百个编码并不会花太多时间，因为比赛的十大项目中，虚拟历史事件、快速数字、马拉松数字、二进制、扑克牌等项目的记忆都要依靠数字编码，所以记住编码以后就可以参赛了。而比赛的成绩则取决于对编码的熟练程度、联想时的动态连接等技巧。国外的选手使用更多的是三位数的编码，这样一来熟悉000～999的这一千个编码就要花费漫长的时间。那么三位数和两位数的编码在比赛中谁更有优势呢？这可不好说，只不过比赛中屡屡夺冠的中国选手们，几乎都是用的两位数编码。

如何打造编码呢？所谓的编码就是把数字通过发散转化，变成某一个我们熟悉的物品，用这个物品来代替数字。既然明白了这个过程，那么同样的两位数是可以转化成无数种编码的。最容易也是最快能够记住的就是用谐音的方式去转化，比如21→鳄鱼；31→鲨鱼；67→油漆；08→泥巴等。除了谐音，象形也能去发散转化，比如22→耳环；11→筷子；00→锁链；69→太极等。那还有其他方式的转化吗？当然有，当我们把编码熟悉一段时间以后，在记忆的过程中可能会发现某一个编码不太容易进行联想，那就可以换一个特征性强的物品去代替数字。比如我的编码中的02→梨儿，但是在记忆中梨儿总是容易混淆，所以我索性改成烟雾（烟雾特征性很强），对于我而言02＝烟雾，但是在外人看来这就是很奇怪的转化。所以，谐音或是象形都只是一个帮助去转化的过程，我们要用的是结果，哪怕你能死记硬背记住转化后的物品，能够帮助之后的记忆，那就是有效的编码。不管是两位数还是三位数编码，100个记忆高手就有100种不同的编码，虽然编码不同，但是"编码系统"的原理是一致的。你可以先参考某一个版本去熟悉，不习惯的话再换成自己的方法，这样会比较高效。

我在我的另一本书《超实用记忆力训练法》中给出的一套编码比较适合初学者，供你参考。

01 绿叶	02 梨儿	03 大象（形）	04 零食
05 灵符	06 琉璃	07 凉席	08 泥巴
09 泥鳅	10 蛇（形）	11 筷子（形）	12 婴儿
13 衣裳	14 钥匙	15 衣服	16 石榴
17 仪器	18 牙刷	19 药酒	20 蜗牛（形）

21 鳄鱼	22 耳环（形）	23 乔丹	24 盒子
25 二胡	26 二轮	27 耳机	28 爱包
29 暗箭	30 少林	31 鲨鱼	32 伞儿
33 闪闪	34 扇子	35 珊瑚	36 三轮
37 山鸡	38 扫把	39 香蕉	40 司令

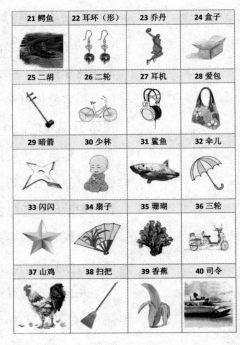

41 神鹰	42 石猴	43 石山	44 狮子
45 师父	46 水牛	47 司机	48 糌粑
49 圣剑	50 舞林	51 武艺	52 壶儿
53 牡丹	54 武士	55 汪汪	56 五花肉
57 武器	58 午马	59 乌龟	60 榴莲

61 蚂蚁	62 牛蛙	63 流沙	64 螺丝
65 老虎	66 蝌蚪（形）	67 楼梯	68 浴霸
69 剪刀（形）	70 麒麟	71 爱奇艺	72 旗儿
73 鸡蛋	74 骑士	75 西服	76 鸡肉
77 QQ	78 西瓜	79 气球	80 巴黎

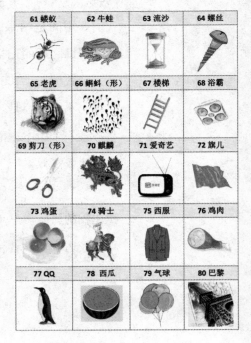

81 白衣	82 靶儿	83 宝钻	84 巴士
85 壁虎	86 包谷	87 冰淇淋	88 蝴蝶（形）
89 扳手	90 酒瓶	91 救生衣	92 球儿
93 救生圈	94 金石	95 酒壶	96 教练
97 酒器	98 胶布	99 手套（形）	00 锁链（形）

想要快速地熟悉编码很简单，这是一件随时随地都可以在大脑中进行练习的事情，比如车牌、电话号码、公交路线等都可以迅速地去反应，看能不能快速想起。我刚刚开始接触到数字编码的时候，心情是无比的激动，随便写下一些数字竟然可以奇迹般地记住，当天晚上我就激动得无法入眠，在心里边随便念一个数字，然后去反应它对应的编码，记忆力训练的过程给我留下了美好的回忆。

实战广场

先看看是否熟悉了编码。

 练 习　04　08　57　21　88　60　45　71　15　80　19　14　33　40
零食泥巴武器

86　68　12　11　02　09　50　43　85　91　28　79　31　23

99　34　51　16　05　30　42　73　18　44　13　55　98　25

77　62　63　46　10　66　63　64　26　39　95　94　70　54

结合之前动态连接的内容，随机数字记忆是最好的练习素材，请尝试记忆下面的数字，请注意，自信心非常重要。

例：**7321018922311188**

打开鸡蛋（73），里面有一只鳄鱼（21）在旋转，惊吓中给鳄鱼的嘴巴里塞了很多绿叶（01），还用扳手（89）不停地敲打嘴巴里咽不下去的绿叶，结果扳手碎了一地，变成了一堆亮晶晶的耳环（22），把耳环强制戴在少林（30）小和尚的耳朵上，小和尚哭着跳进河里被鲨鱼（31）追赶，突如其来的像金箍棒一样大的两支筷子（11）一下夹住了鲨鱼，筷子发光引来了无数蝴蝶（88）环绕。

请尝试回忆。

 练习　每一组记忆完毕以后便立即回忆（默写）

第一组：0121458701171

_____

第二组：2569470013465213098 81749

_____

第三组：334961080978460397465887901315842197

_____

在世界脑力锦标赛的项目中，有一项叫作"二进制数字"，就是要对 0 和 1 的组合进行记忆，比如：

000101001101101011101001100111010011001110110110

二级制的记忆其本质和十进制数字记忆是一模一样的，也是用到数字编码，但是，如果只是 00、01 和 10 的数字编码的话是没法记住的，因为相互间的干扰太强，我们需要一个把二进制转化为十进制的方法，在这里我介绍一种比较常用的方法。

把三个数作为一个单位，这样一来就有 8 种组合，分别是：000 = 0；001 = 1；010 = 2；011 = 3；100 = 4；101 = 5；110 = 6；111 = 7，在记忆的练习中只要熟悉几次就能很快进行转化。如此一来，上面的二进制数字就变成了：

二进制：000101001101101011……
十进制： 0 5 1 5 5 3……

18 个二进制数字变成了 6 个十进制，6 个数字是 3 个编码，因此，看似摸不着头脑的二进制记忆实际上只需要记忆 3 个编码就能轻松记住了。

把编码概念延伸一下你会惊奇地发现，可以记住很多不可思议的内容，真人秀电视节目《最强大脑》里的大多数挑战项目其背后的原理都是编码记忆，记忆二维码、钥匙锯齿、双胞胎连连看、百家姓空间挪移、手机解锁等。世界脑力锦标赛里的抽象图形项目，同样可以"编码"记忆。比如同一排中"刺"最多的编码为"刺猬"，"最黑"的编码为"煤炭"，"最白"的编码为"莲花"；再比如看似流动性的、马赛克的，甚至"刺"向上还是向下，整体向左还是向右等都可以进行编码，做了前期的编码工作后记忆过程就变得更快了。

Abstract Images Memorisation Sheet

世界脑力锦标赛中的抽象图形记忆项目

对学生而言，英文单词、化学公式、常用量，包括考政治时经常用到的一些惯用说法等也都可以进行编码。总而言之，编码的概念是记忆术中一个很重要的部分，会活用编码的人必定是记忆高手。

繁杂数据信息记忆实例

A4 纸张大小：
210mm×297mm

记忆术： A4 是最常用的打印纸大小，可以直接转化为打印纸，210 和 297 这两个数据可以有几种方式来记忆。210 编码变成 0210 = 梨儿 + 蛇，297 编码变成 0297 = 梨儿 + 酒器，这样的话"梨儿"显得有点多余，如果要接着记 A3、A2 纸张的大小，那么就可能变成记忆负担。因此，更科学的方法是<u>只记 10 和 97</u>，因为 A4 纸大概 200mm 这个是常识或是可以估计出来的，这样就显得简单多了，联想画面：在纸上画只蛇，用酒器盛起来变成了真蛇。

A3 纸张大小：
297mm×420mm

记忆术： 首先是 A3 纸的转化问题，如果依然转化成打印纸的话很明显会和 A4 产生干扰，两者都变成了"纸"，转化的时候可以简单加工一下，联想成红色的纸、橙色的纸、黄色的纸等（按彩虹颜色顺序）。或是同样的思路，A4 是一张纸的话，那么 A3 就是一个本子，A2 就是一本厚字典等。然后处理数据 297 和 420，这里因为百位数分别是 2 和 4，因此用编码的方式 0297 = 梨儿 + 酒器，0420 = 零食 + 蜗牛，这样记要妥当一些，联想画面：梨树上长满了梨和本子，用酒器去装的时候酒器里爬满了蜗牛。

两寸照片大小：
3.5cm×5.3cm

记忆术： 两寸照片可以转化成结婚证、体检表、护照、自助拍照机等这样更便于天马行空的有趣的联想，因为两寸照片是最常用的，如果转化的时候不需要和其他尺寸一起记，那么就可以不做特殊处理。3.5 和 5.3 可以用数字编码，35 = 珊瑚，53 = 牡丹。联想画面：民政局拍结婚证照片的地方是需要潜水的，两人拿着珊瑚，珊瑚上长满了花，然后拍了一张浪漫的照片。

50 寸电视屏幕大小（一般而言）：
111cm × 62cm

记忆术： 如果需要记这样的信息，那么可能是一份电视销售的工作，所以除了 50 寸以外，可能还需要记住其他尺寸甚至其他各种电器的尺寸，很明显，50 寸电视是不能直接转化成"电视"的。把 50 和电视结合成一个画面，50 = 舞林（一个舞女）+ 电视可以想象为一个高跟鞋插破了电视屏幕。111 编码为 0111 = 绿叶 + 筷子，62 = 牛蛙。联想画面：拔掉插在电视屏幕上的高跟鞋，拔下来后从屏幕里滚出厚厚的落叶，叶子里跳出一只牛蛙。

关于氧气：在空气中氧气约占21%，熔点 −218.4℃，沸点 −183℃

记忆术： 这里需要一连串的串联，首先氧气可以转化为氧气瓶、呼吸面罩、大森林等；占空气约 21% 用数字编码转化成"鳄鱼"；熔点 −218.4℃ 结合化学常识，因为氧气可以燃烧，所以熔点是负数，负号不必特别记忆，2184 为数字编码"鳄鱼"和"巴士"（小数点也不用记，在绝对零度范围内是物理常识）；同理，沸点 −183℃ 中的 183 编码为 0183 = 绿叶 + 宝钻。联想画面：鳄鱼吸着氧气瓶在天空中飘；把鳄鱼的氧气瓶抢过来丢到锅里煮，氧气瓶爆出很多叶子，叶子结晶成宝钻；继续开大火，宝钻开始变得有生命，变成了钻石鳄鱼，冲出去跑在街上被巴士撞了。这是三个局部画面构成的一个整体小故事，记忆的时候需要复习回忆两次效果更佳。

世界第二高峰
乔戈里峰海拔
高度:
8611 米

记忆术: 乔戈里峰转化成《天龙八部》的乔帮主（乔峰），这个形象太深刻了，我禁不住想要转化成他。8611 数字编码 86 = 胖妞，11 = 筷子。联想画面：乔峰抱着胖妞用筷子当工具悬挂在雪山悬崖上快撑不住了。

某住宅楼盘的户型图:
阳台2.7m ×6.1m、车库3.8m ×5.1m、客厅6.1m ×8.4m

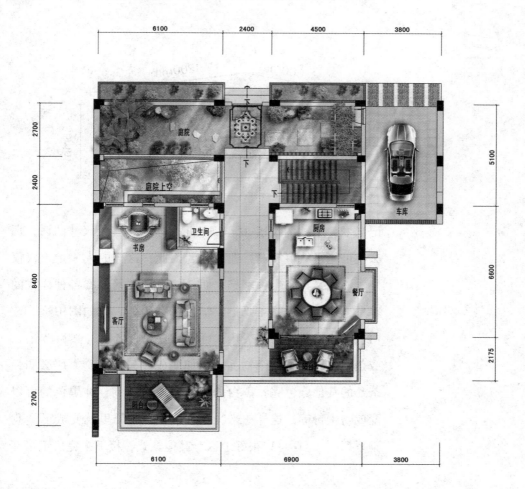

记忆术：　直接记住各个房间的尺寸在装修的时候可能是最实用的方法了，阳台 2.7×6.1 编码转化为 27 = 耳机，61 = 蚂蚁，联想画面：在阳台上惬意地晒太阳，听着歌曲，突然黑压压的蚂蚁从外墙爬了进来；车库 3.8×5.1 编码转化为 38 = 扫把，51 = 武艺 = 李小龙，这里的 51 编码进行了二次转化，用李小龙代替，联想画面：李小龙拿着扫把把车库里的车打了个稀巴烂；客厅 6.1×8.4 编码转化为 61 = 蚂蚁，84 = 巴士，联想画面：在客厅看电视的时候蚂蚁群来袭，惊恐之时一辆巴士撞了进来。

家具尺寸

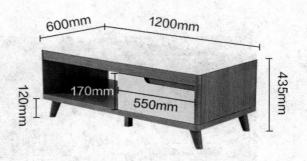

记忆术：　生活中如果真正需要记忆家具每一处尺寸的话，那么很可能是从事家具行业的人，因此，这样的人一定不仅仅接触一款家具，一种家具，而是接触种类繁多的各种样式的家具，这时一定就需要把记忆目标编码化。比如图中这一款白色和原木色相间的茶几，可以给它起个名字（然后转化），或是直接转化成某个物品，比如变成一只小白狗。那么同款茶几的其他颜色呢？黑白的可以变成斑点狗，纯黑色的可以变成哈士奇等，这样一来，这款茶几在脑子里就变成了"狗狗系列"，这样可以很好地区分其他款式，接下来完成记忆部分即可。如何记忆深度、长度、宽度、高度，减少相互之间的干扰呢？转化成刚才所说的小狗就容易得多了，比如这张桌子是小白狗，想象它叼了块骨头，像榴梿（60）似的长了很多刺；身上背了个婴儿（12），四只脚都绑了零食（04），零食里装的是珊瑚（35）。这样一来画面是不是就生动起来了呢？

数字的记忆在我们的生活中随处可见，有的必须牢记，有的只需要短暂记住就行，有了数字编码，它一定能让你的生活和学习便利很多。更重要的是，你不妨把随处可见的数据当成一种练习材料，记住它并不是意义所在，我们的目的是利用这些数字，在用编码记忆的时候充分锻炼了自己的大脑，让自己的脑力得到了提升，就和健身一样，它让我们的大脑更加充满活力，这就是记忆术的魅力。

最强大脑们的终极秘密
——记忆宫殿

如果你还记得之前章节中的扑克牌记忆挑战的话，相信你对当时的记忆方式还留有印象，即借助现实中的参照物来进行记忆。下面，我们依然用这样的方法，先来挑战一下记忆20个随机成语。首先，我们熟悉一下下面的房间构造。

1：沙发扶手，2：盆栽，3：窗帘，4：落地窗，5：沙发，6：装饰瓶，7：电视，8：电视柜，9：垫子，10：茶几

记住上述顺序后，我们先熟悉一下将要记忆的20个成语（成语完全随机，按网络成语词典顺序粘贴而成）。

行尸走肉、金蝉脱壳、百里挑一、金玉满堂、

背水一战、霸王别姬、天上人间、不吐不快、

海阔天空、情非得已、满腹经纶、兵临城下、

春暖花开、插翅难逃、黄道吉日、天下无双、

偷天换日、两小无猜、卧虎藏龙、珠光宝气

接下来将成语按顺序与上面的地点进行连接，此处省略成语的转化过程，一处地点连接两个成语：

一、沙发扶手——扶手上挂了很多肉，飞来很多金蝉，用手赶走它们。

二、盆栽——一个挑夫挑着盆栽，盆栽上结满了玉石。

三、窗帘——背上有水去用窗帘擦，结果窗帘后藏了个女人。

四、落地窗——窗户外面是天堂，然后对着窗户吐口水。

五、沙发——坐在沙发上突然掉到了大海里，浮在海上还在唱《情非得已》。

六、装饰瓶——瓶子上挂个金轮，转动金轮发现瓶子里有很多士兵小人儿。

七、电视——电视上开满了花，在花中插上一对翅膀，翅膀开始扇动起来。

八、电视柜——柜子上刷一道黄色的跑道，两只燕子在跑道上走。

九、垫子——垫子上悬浮着一个太阳，少女在太阳下红了脸。

十、茶几——茶几下卧着一只老虎，老虎身上散发出紫色毒气。

现在有了转化后的画面，可以再过一次上面的成语，然后尝试回忆：

_____

_____

_____

_____

_____

上面的方法就是记忆宫殿——利用生活中的参照物进行联想记忆的方法。有不少影视剧将其描述成一个一个的小房间或小抽屉，确切来说，房间和抽屉都是不行的，因为它们的相似度会造成极大的干扰。在此，我们也没有必要像讲故事一样套路性地介绍记忆宫殿的来龙去脉，你只需要抓住这个方法的要点，加以练习，就能成就自己的"最强大脑"。

记忆宫殿的要点如下：

首先，它应该是实际的场所。虽然上面的例子我们用照片来尝试了记忆，但这更应该归类于"定桩法"，记忆效果打了折扣（不少人把用照片选择参照物来记忆的形式也称为记忆宫殿）。如果把上面的房间换成自己的家，那么记忆效果会完全不同。因为是我们熟悉的真实的立体的环境，所以在记忆过程中细节感、方位感、触觉等整体感受，甚至感情，都会变成回忆的线索。它包括室内的或是室外的小区、花园、学校、街道等，熟悉的环境范畴也很广，比如曾经的住所、公司、童年老家、中小学校园、大学校园、常去的亲戚朋友家等。

其次，它的容量无穷大。正如上面的图片一样，如果把一个房间看作 U 盘，那么它的容量大小就取决于它的"参照物"的多少。上面图片中的房间内有 10 个参照物（也称地点桩），那么加上卧室可能又多几个，整套房屋加起来就是几十个，几套房屋合起来使用就是上百个，以此类推，如果把自己熟悉的环境都打造成记忆宫殿，那么室内室外全加起来，甚至去重新寻找，去熟悉一些新环境做成记忆宫殿，那么它的参照物就可以多达数千个。我们通常在一个参照物上连接两个信息，所以参照物越多，记忆的容量就越大，记住一本数百页的字典也并非不可能。事实上我们也常看到有一些记忆表演是展示字典记忆的。

最后，参照物的选择要遵循固定顺序，要避免重复和没有特征。如果决定了把一个熟悉的场所打造成记忆宫殿，那么下一步就是选择好参照物了。请注意，参照物一旦固定下来就应该是不变的，下一次记忆还是用同样的参照物来连接。选择参照物顺序的时候，就如上面的图片，可以按照顺时针或逆时针的顺序，按照自己的生活习惯等来依次选择，回忆的时候也正是依次回想这些参照物上锁定的信息，因此，顺序是否合理是非常重要的。参照物的选择要避免重复，比如不能把餐厅全部的凳子作为参照物 1、2、3……来使用，这样会造成严重的干扰，诸如此类的还有门、桌子等。即使几个不同的宫殿里边都有门，也应该选择外形、材质等有差异的部分，比如卫生间的玻璃门、卧室的木门、防盗门等。另外，参照物的选择要注意物品的特征，把整个空间当作参照物是不可取的，因为方位感、细节感都有所降低，回忆的时候很有可能浮现不出任何图像。

清楚了记忆宫殿的特征以后，让我们打造两套属于自己的宫殿吧。首先尝试在下面的图片选出 12 处参照物（随着你熟练程度的提升，即使一个很小很空旷的房间，你依然可以找到甚至虚拟出很多参照物）。

接下来打造真实的记忆宫殿，一套完整的宫殿以有 26 个参照物为佳（刚好可以记住除大小王外的一副 52 张的扑克牌，这是世界脑力锦标赛中最酷炫的项目）。

你的家

1.	2.	3.	4.	5.	6.	7.	8.
9.	10.	11.	12.	13.	14.	15.	
16.	17.	18.	19.	20.	21.		
22.	23.	24.	25.	26.			

你的公司（学校）

1.　　　2.　　　3.　　　4.　　　5.　　　6.　　　7.　　　8.

9.　　　10.　　　11.　　　12.　　　13.　　　14.　　　15.

16.　　　17.　　　18.　　　19.　　　20.　　　21.

22.　　　23.　　　24.　　　25.　　　26.

买了 U 盘后回家第一件事当然是格式化 U 盘，那么打造好的记忆宫殿也一样，第一次使用可能会花比较多的时间，因为在将信息记忆连接的同时还要迅速回忆设置好的参照物，只有将"参照物"和"连接"两者都做踏实之后，记忆效果才显而易见。这一次我们的挑战提升一些难度，用你的第一个宫殿尝试记忆 52 个成语（每个参照物连接两个），相信自己，你一定可以完成得很好！（为了循序渐进掌握，你可以看着自己的参照物顺序进行记忆，也可以边回想参照物的顺序边记忆，在今后的实际使用中，都是一边回忆顺序一边进行记忆的。）

金鸡独立、一鸣惊人、情不自禁、愚公移山、

魑魅魍魉、龙生九子、精卫填海、海市蜃楼、

高山流水、晴天霹雳、卧薪尝胆、壮志凌云、

金枝玉叶、四海一家、穿针引线、无忧无虑、

厚颜无耻、三位一体、落叶归根、相见恨晚、

惊天动地、滔滔不绝、相濡以沫、长生不老、

塞翁失马、女娲补天、三皇五帝、万箭穿心、

水市清华、窈窕淑女、破釜沉舟、天涯海角、

牛郎织女、倾国倾城、飘飘欲仙、福星高照、

妄自菲薄、永无止境、学富五车、饮食男女、

英雄豪杰、国士无双、猴年马月、万家灯火、

石破天惊、精忠报国、养生之道、一石二鸟、

六道轮回、鹰击长空、日日夜夜、厚德载物

心理暗示非常重要，你已经记住了，已经记住了，已经记
住了，请写出来。

_____

_____

_____

_____

_____

_____

_____

_____

使用中常有的疑问

? **Q**

要准备多少个
宫殿才够?

答:目的不同要求也不同,职业也因人而异。工作中长期
需要定期记忆一大组数据的,就需要多准备一些宫殿以轮
换使用。对于需要存大量信息的人而言,U盘当然是越大
越好,对于信息存了可以很快又删掉的人而言,可能2GB、
4GB的也就足够了。在世界脑力锦标赛的三天比赛中,要
记忆文字、数字、图像等大量信息,因此锦标赛的选手必
须准备大量的记忆宫殿。

? **Q**

用宫殿记住的
内容能在大脑
中保留多久?

答:在不复习的前提下,如果用一个宫殿记忆一副扑克牌,
一般而言三到五天就自然忘记了,但是在记忆的当天,就
都能轻松回忆起每一张牌。如果记的是一个单元的单词或
是某些近期要考的内容,那么就需要在大脑中回想复习,
一般建议刚刚记忆完毕时复习一次,当天复习一次,三天
内复习一次,一周内复习一次,这样的复习频率比较符合
遗忘曲线。比如一个高中生,用记忆宫殿记住的系统知识
就应该定期复习。

? **Q**

刚用来记完的
宫殿能马上又
记新的内容吗?

答:不能。比如用了"家"这个宫殿记忆了一副扑克牌,
现在又要记另外一副,这时就必须用另外的记忆宫殿来
"装"这些新的信息,如果强行记忆会导致两次记忆结果的
干扰,回想变得非常混乱。因此,如果是参加扑克牌马拉
松记忆项目,记10副牌就必须10个宫殿,记30副牌就需
要30个宫殿。如果想要挑战圆周率的世界吉尼斯纪录(目

前是小数点后 7 万位，中国人吕超保持），那么就需要更多的宫殿了。

答：记忆宫殿有着非常高的可靠性，保证记忆的准确性，在记忆的过程中，想不起来某一个参照物上的信息也不会影响下一个参照物上的信息的回想，因此对于脑力选手们来说，随机数字、词汇、扑克牌等都是利用记忆宫殿在记。对于一般人来说，记忆系统的知识板块建议用记忆宫殿，其他的一般信息做好相互转化和连接就足够了。举一反三，可以固定某个宫殿专门记忆易错单词、数学常数、诗词篇目等，就像图书馆的分类一样，让记忆变得高效有序。同时，也准备一两个宫殿用来应付临时需要记忆的大量信息，比如宴会现场的宾客姓名、会议要点等。

关于记忆术，通过上面的介绍，相信你应该已经非常清楚了。练习记忆术的过程中，相信你收获知识的同时，也能让自己充满自信，让内心越发得充实。学会记忆术能让我们拥有一个活力、青春、敏捷的大脑。

最后，让我们像脑力锦标赛的选手们一样，直接挑战用记忆宫殿记随机数字吧。这里的随机数字我们用圆周率小数点后第 51 ~ 90 位来作为练习材料，记忆以下 40 个数字。

5820 9749 4459 2307 8164
0628 6208 9986 2803 4825

用这张美丽的风景作为室外记忆宫殿开始你的挑战吧！

1. 大海——5820

   例：58 = 午马，20 = 蜗牛

   联想 马跌入大海溺水挣扎，一群蜗牛游过去将马托起

2. 浮标——9749

3. 椰树——4459

4. 屋顶——2307

5. 浮桥——8164

6. 广场——0628

7. 高楼——6208

8. 树林——9986

9. 歌剧院——2803

10. 船——4825

记忆完毕，风景是不是很美呢？整个记忆过程就像神游一般，感觉非常的奇妙。好了，首先相信自己一定记住了，然后请默写出刚才的 40 位数字吧！

_____

_____

任何技能的获取都是需要付出的，需要刻意练习才能不断进步，记忆术和弹钢琴、踢球一样，如果想要成为最强大脑，甚至成为记忆大师，那么就需要系统的训练。当然，如果只是想学会一些用在平时的学习当中，那么只要记住我们的发散转化、动态连接的要点，就足够了。记忆术的意义在于，让我们重新认识到想象力的重要性，未来的竞争，一定是创造力的竞争，记忆术的意义并不限于记知识，而应该是让我们的大脑更加"健壮"的一项静悄悄的运动，让我们保持创造性应对时代的变化。

用思维导图
成就效率达人

————————

思维导图篇

什么是思维导图？思——思考；维——维度；导——引导；图——图画。帮助我们思考得有条有理，多角度、多维度考虑问题，挤出无穷无尽的想法，然后，把整个思考的过程变成一张思考地图，这就是思维导图。

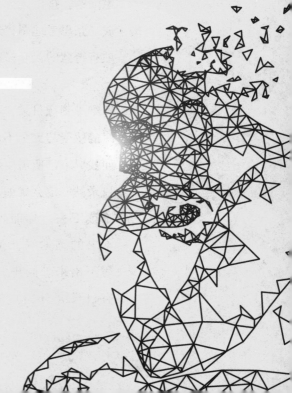

秒懂思维导图

什么是思维导图

从不懂思维导图到画出一张标准的思维导图，半天就足够了，非常简单。但是如果要体会到思维导图带来的非凡感受，让大脑神清气爽，让思路变得敏捷通畅，无数创意想法喷涌而出的感觉的话，则需要在实践运用中慢慢感受。

什么是思维导图？思——思考；维——维度；导——引导；图——图画。帮助我们思考得有条有理，多角度、多维度考虑问题，挤出无穷无尽的想法，然后，把整个思考的过程变成一张思考地图，这就是思维导图。毫不夸张地说，这是一项有智慧的人必修的技能。

像"目录"一样

思维导图像目录，不看目录同样可以读完一本书，但是阅读时的感受却完全不同。有了目录我们更容易明确重点，更方便找寻自己所需要的重点信息。但是如果数据量大了，没有目录就一定会犹如一盘散沙，数百上千页的书不看目录很难读下去。你能想象到了书店不借助分类的标牌去找一本书的感觉吗？是的，没有目录读者读不下去，作者也写不出来。同理，杂乱的信息在我们脑子里就像极了没有目录（分类）的状态（图1）。

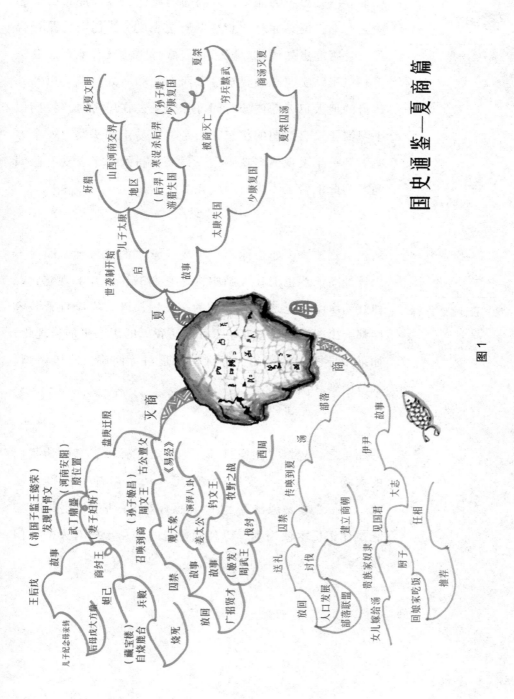

国史通鉴—夏商篇

图1

像"地图"一样

思维导图是思考的地图，人们的习惯往往是按照自己的想法去行动，但是你对"想法"有去斟酌、推敲吗？是否合理，是否能更加优化？就像我们旅行时，没有地图总会觉得心里不踏实，总想要知道东西南北和所处位置，以及到达目的地大概还需要的时间等。但是，在思考时，我们似乎习惯了没有地图的状态，于是就容易走回头路，一个方案做到一半发现诸多缺陷，一篇文章写到一半发现有些偏题，为此浪费了不少时间（图2）。

像"设计图"一样

从盖房到装修，如果你是一个经验丰富的建筑师，即使不用设计图依然也能在大脑中构建它们的样子并实现它，但建好的房屋一定是不够标准的，长短尺寸、安全性、兼容性都会出现问题。思维导图可以让我们的想法更加合理化，如果用导图来做计划，那么一定是目标明确，阶段清晰，细节周到（图3）。

总而言之，思维导图像目录、地图、设计图，它能让我们的大脑从"混沌"变得"清晰"，从"迟钝"变得"敏捷"，从"毫无想法"到"灵感爆棚"，毫不夸张地说，它是比记忆术使用频率更高更普遍的适用于所有人的一门技术。

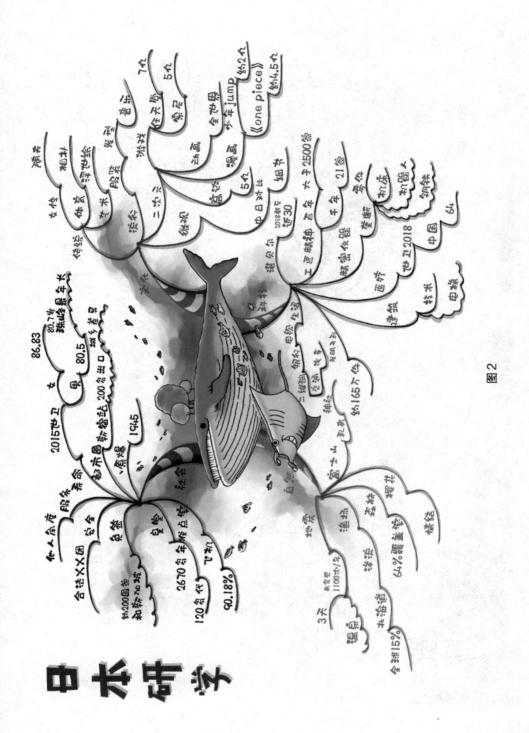

图2

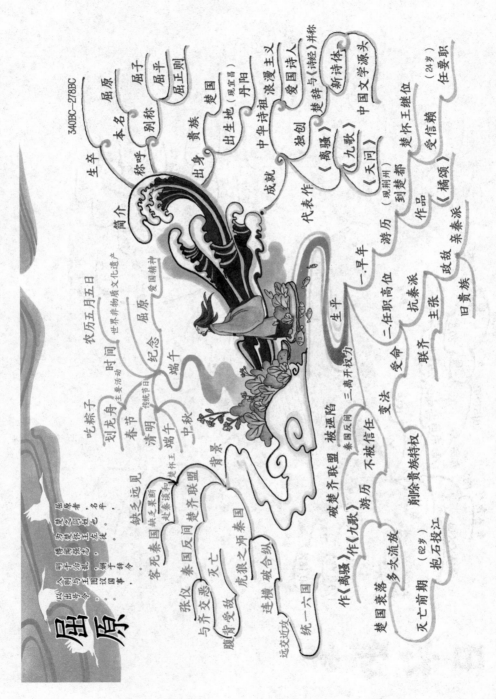

图3

托尼·博赞先生

思维导图的发明者是托尼·博赞（Tony Buzan）先生，最初思维导图在英国被应用于改善患有学习障碍症的孩子当中，跟踪试验后效果奇佳并受到 BBC 的专题报道，从此，思维导图闻名于世。现在，思维导图几乎成为世界 500 强企业管理者的必修课程，英国、德国、美国、日本、新加坡等已经普遍把思维导图应用于教育领域。托尼·博赞已出版上百本书籍，同时，他也是"世界脑力锦标赛"的发起人之一。

在国际社会上，波音、微软、IBM、索尼、三星、甲骨文、摩根、英国电讯等大公司将思维导图运用到工作中解决问题，各个大学也逐渐开设有关思维导图的选修课程。在国内，越来越多的中小学校也在普及这种思维方法，用来提升学生们的理解力。

从外形来看，思维导图的结构非常简单，一般包括中心图、主干、分支、关键词、插图，它是由绘制者一边思考一边绘制而成，你可以把它理解为一种笔记方法。思维导图的灵魂是"思考"，因此，是否会画画，画得好不好并不重要，只要遵循它"发散"的方式去思考，按步骤去绘制，专注地去思考，那么它就是一张对自己有极大帮助的导图，有时候一张草稿就能解决曾经困惑自己很久的疑难问题。

发散性思维

有的思维导图教学书籍习惯把思维导图讲得比较模板化、方法论，我在阅读此类书籍的时候觉得有些不接地气，不太适合自己。我认为，思维导图是非常灵活的，因此我们没有必要把它拆解成各种模块和套路，无招胜有招既是一种舒服的状态，也是高手的状态，只要抓住"无招"的核心，就能活用这门技能。"无招"的核心是什么？——发散性思维，再加上导图的绘制步骤，就能给自己带来一场电击般的头脑风暴。

一件事物联想到和它相关的若干事物，就是发散思维。比如"长城"能想到战争、坚固、砖头、少数民族、秦始皇、嘉峪关、山海关、北京……这是基于我们的认知，在大脑中调出的与之相关的信息。那么，如果是一个完全陌生的地方，或是一个全新的词语，没有基本的认知，又怎么发散呢？其实，发散可以是基于逻辑关系，也可以是基于相似性、感受甚至直觉等。比如还是刚才的"长城"一词，我们脑洞大开一下可以想到蛇（相似性）、攻城游戏、月亮（因为有人说月亮上能看到长城）、油条、哭泣（孟姜女）、魔术（大卫穿长城）、长橙（谐音：长方形的橙子）、长征（共有"长"字）、城池（共有"城"字）、城市、进击的巨人（动漫）、围墙、鸡笼、地图、脆皮（逆向思维）、土堆（汉长城）、世界遗产、百慕大（层层关联）、复活节岛、外星人……只要思路打开，能够想到无数的相关信息，或是与相关的词再相关的一些词，为什么能够想到它们呢？其中就包括了逻辑关联、推理、谐音、象形、直觉等，为什么能想到某一个词我们不必深究，在思维导图的绘制上，我们需要的是尽可能多地去发散，在前一部分的记忆术教学中，我们早已涉及发散思维的练习。

我们清楚了一个词向多个维度发散以后，我们还需要熟悉接龙式的一个词接一个词的发散，比如刚才的"长城"一词想到"战场"，接着"战场"想到"沙漠"，再接连下去想到仙人掌→绿洲→诺亚方舟→神话→阿波罗→菠萝……可以无穷无尽地想象。我们的思路是一步一步发散出来的，但是如果我们不经过这个过程，纵然有天马行空般的想象力也是无法从"长城"直接联想到"菠萝"的，在这个联想的过程中有我们的发散，有一层层的逻辑推进，总而言之，单词多维度发散＋一个词连续发散，这就是思维导图的核心。

一个词的发散像这样：

?	?	?
?	中心词	?
?	?	?

单词发散像这样：

中心词→？ →？ →？ →？ →？ →？ ……

两者结合即是思维导图的核心，激发想法＋思考可视化。

↖	↑	↑	↑	↗
←	?	?	?	→
←	?	中心词	?	→
←	?	?	?	→
↙	↓	↓	↓	↘

那么，把中心词换成"中心图"，把发散出来的"？"换成
"中心词"，再利用主干和分支的规则无限画下去，就是一张
标准的思维导图了（图4）。

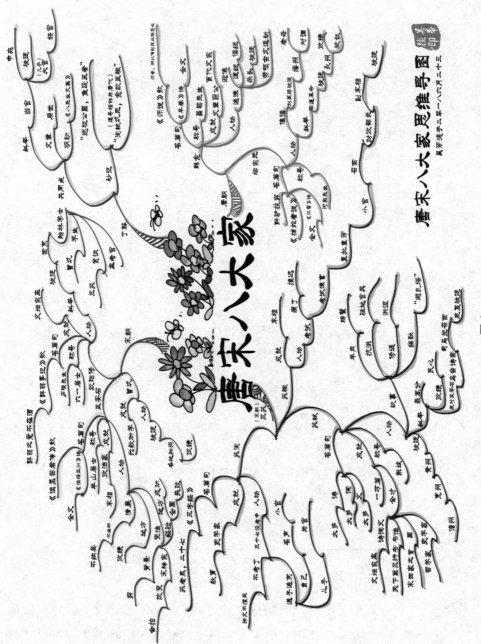

唐宋八大家思维导图

夏带提子云霄一八年八月二十三

图4

思维导图阅读

明白了思维导图的核心，那么如何阅读一张导图就是非常简单的事情了。既然是从中心发散开的顺序，那么思维导图的阅读规则自然就是从中心往四周发散的形式去阅读，具体从哪一个发散的方向（也就是主干）去读呢？按照我们的习惯，一般顺时针从一点钟方向的主干开始阅读。

阅读思维导图和阅读普通文字有何区别？区别非常大，一般的文字阅读没有有效调动思考以及我们知识点，而思维导图看似关键字的形式内容不多，其实信息量远远大于一般文字阅读。我们做这样一个测试，看到"学生""上网""癌症"作为文章标题同时出现，你会想到一个什么样的情节？

场景一：学生长期上网，导致患上了不治之症。

场景二：学生上网查关于癌症的论文。

场景三：学生上网求助网友帮助家中患绝症的家人。

场景四：学生上网帮助患绝症的网友。

场景五：……

不管是上面的哪一种场景，我们平时看到一些标题党的报道，是不是第一反应会联想到一些画面呢？联想到的内容因人而异，有过类似经历或是经验的，就会无意识地往那个方面去联想。思维导图正是这样，阅读的时候它会调动你已经固有的认知，将其进行联动，它的特征是关键词阅读，关键词 + 分支主干，就构成了思维的艺术，让我们迸发出无穷无尽的智慧（图5）。

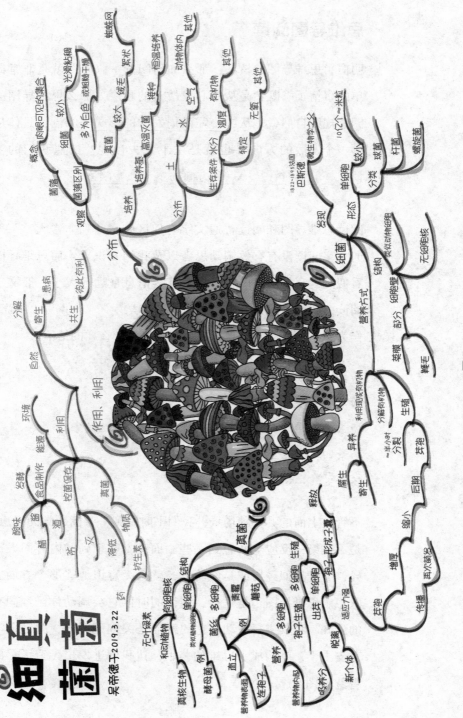

图5

以阅读我们曾经学过的初中生物知识《细菌与真菌》为例，内容相信大部分人已经忘得差不多了，但是阅读思维导图能够很快让我们把概念重建起来，然后再根据自己的实际需求去进一步重新学习。首先，左上角的"分布"发散出"观察""培养""分布"三个分支，进一步阅读"观察"知道，原来讲的是菌落的概念以及真菌和细菌菌落上的不同；再阅读"培养"，这里没有分支，而是线性的连接，说明这里讲的是培养菌落的试验步骤，顿时想起这正是曾经的考点；再看"分布"分为"土"和"生存条件"两个分支，说明讲的是土、水等自然中都有分布以及细菌真菌的生存条件，看到这里的感受是知识脉络清晰，不复杂。然后，同样的方式阅读剩下三个主干以后，整个相关知识的概念清晰地构建了起来，无非是"如何分布以及肉眼上的区别""什么是细菌""什么是真菌""两者如何被利用以及它们在自然界中的作用"四个知识板块，阅读完以后仿佛初中学的知识都全部想起来了，没有多余的干扰信息，全是重点，但是又因为主干分支的线条连接，让所有的知识脉络都显得尤其清晰，很明显，这就是能够帮助理解力的高效的阅读，在思维导图教学的应用中，提升孩子们的理解力效果是非常明显的。最后，思维导图的阅读是非常欢乐的，图文并茂，一边看关键词一边沿着主干分支阅读的方式像极了看藏宝图找宝藏的感觉，一图胜千言正是因为它包含了阅读者脑中的潜藏信息，并能有效地将其激发出来，所以，我常说思维导图是绽放的智慧之花。

思维导图阅读练习

 **练习一**　请阅读下面人物传记"秦始皇"的思维导图，根据四大主干和分支关键词来还原文字内容。

根据你的理解，请将导图内容还原成文字（400～600字）。

_____

_____

_____

_____

_____

_____

_____

_____

_____

_____

参考原文

秦始皇，姓嬴名政，公元前259年生于赵国邯郸。当时秦赵两国正在交战，他的父亲异人作为人质被扣押在赵国，处境十分危险。公元前257年，赵国战败，赵王想杀掉异人，异人在富甲天下的吕不韦的帮助下逃回了秦国。赵王盛怒，要杀赵姬母子（赵姬，嬴政之母，是吕不韦赠与异人的），未遂。在吕不韦的资助下，异人回国当上了太子，后又继承了王位，是为秦庄襄王。可是好景不长，公元前247年，即位不到三年的异人病逝。年仅13岁的太子嬴政顺理成章成了秦王政。22岁亲政时除掉了权臣吕不韦。统治中期先后灭掉六国完成了统一，晚期喜欢四处巡游，寻求长生不老之术。

秦王政安定了国内的局势之后，开始进行统一六国的战争。自公元前230年到公元前221年，耗时10年先后灭掉了韩、赵、魏、楚、燕、齐，完成了统一大业。赢政能顺利灭掉六国，并非偶然。首先秦国经过商鞅变法使得国力逐渐强盛，其次各国人民经历了长期的内乱和战争，渴望统一，而赢政个人又具有雄心大志和广纳贤士的胸襟，这些都成了他成功的条件。

为了加强秦帝国的统一和稳固，秦始皇不但修建了很多用于国防的工程（秦长城、驰道、渠道），而且对官制也进行了调整和扩充，建立了一整套从中央到地方的新的政府机构，他在中央设立三公九卿，地方上废除了分封制，在全国实行郡县制，这套制度一直沿用了2000多年，对中国历史产生了重大影响。除此之外秦始皇还制定了车同轨、书同文、行同伦，统一了度量衡和货币（度量衡是指在日常生活中用于计量物体长短、容积、轻重的器具的统称）。这些都促进了经济文化的发展，加强和维护了全国的统一。

秦朝统一后的历史非常短，总共历经了二世，从秦始皇赢政统一六国建立秦朝（公元前221—公元前206）到秦王子婴向刘邦投降，秦朝只有15年的国祚。

 练习二　请阅读下面李白的人物传记思维导图，根据三大主干和分支关键词来还原文字内容。

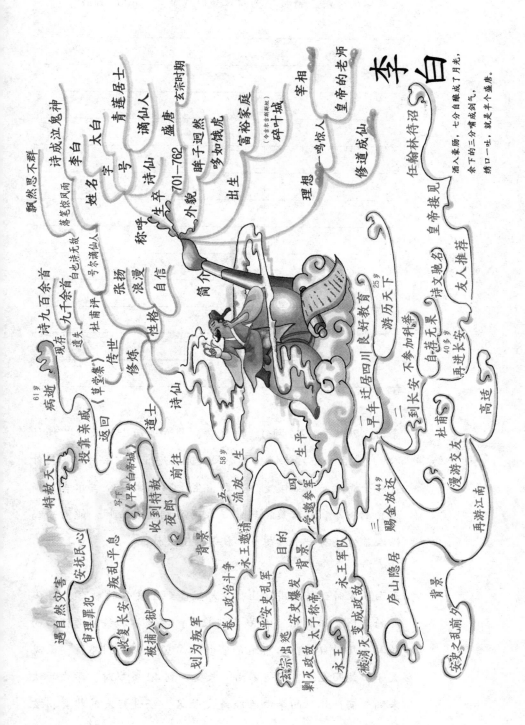

李白

飘然思不群

姓名
诗成泣鬼神
落笔惊风雨
字　太白
号　青莲居士
称呼　滴仙
李白也诗无敌

生卒　701—762
外貌　眸子炯然
　　　哆如饿虎
出生　富裕家庭
盛唐　玄宗时期
碎叶城（今吉尔吉斯斯坦）

理想　修道成仙
　　　一鸣惊人

宰相
皇帝的老师

任翰林待诏

酒入豪肠，七分酿成了月光，
余下的三分啸成剑气，
绣口一吐，就是半个盛唐。

简介
诗九百余首
诗九千余首　杜甫评
现存
遗失　《草堂集》
传世

性格
张扬
浪漫
自信

修炼
道士
诗仙

皇帝接见
诗文驰名
友人推荐

生平
一　早年　迁居四川　良好教育
自游无果　不事科举
二　到长安　游历天下　25岁
再进长安　40岁

61岁
病逝
现靠
投靠　来威
返回《草堂集》

三　赐金放还　漫游交友
杜甫
高适
再游江南

四　从军　受邀请
五　流放　遇邀请
　　前往　永王军队
背景　庐山隐居

特救天下
叛乱平息　安抚民心
58岁
写《早发白帝城》
收到特赦
夜郎
背景
2

安史之乱前夕

自然灾害
审理罪犯
收复长安
被捕入狱
划为叛军

目的
永入政治斗争
永王军队
永王政敌
变成政敌
被消灭　变成政敌
永王被诛灭

平安史之乱
安史爆发
太子称帝
44岁

背景
三　赐金放还

根据你的理解，请将导图内容还原成文字（400～600字）。

_____

_____

_____

_____

_____

_____

_____

_____

_____

_____

_____

参考原文

李白（701年—762年），字太白，号青莲居士，又号"谪仙人"，被后世誉为诗仙。主要人生轨迹是盛唐玄宗时期。其外貌眸子迥然，哆如饿虎。李白出生于碎叶城（今吉尔吉斯斯坦）的一个富裕家庭，理想是成为宰相或者帝师，能够一鸣惊人。他还有一个理想，那就是修道成仙。

李白5岁时迁居四川江油，在那里受到了良好的教育。25岁开始游历大江南北。30岁来到长安，不是参加科举考试，而是写了几封自荐信给当地的官员，希望能够得到推荐，面见天子，然而无果，不得不离开长安。到40多岁时，李白再次来到长安，此时的李白已经诗文驰名，经过好友的推荐，玄宗召见了李白，并任命其为翰林待诏。但因其才华与性格放浪不羁，遭到同僚与宫中人嫉恨，向皇帝谗谤，最终被赐金放还。这一年，李白和杜甫、高适相遇，建立了深厚友情。安史之乱即将爆发，李白决定隐居于庐山。李白受永王邀请至军中，却不料被卷入了一场政治斗争。战乱爆发，玄宗逃离长安，太子称帝。而永王作为太子政敌被消灭，李白也因此获罪，被判流放夜郎。第二年因遭遇自然灾害，朝廷为了安抚人心，特赦天下。此时李白正前往夜郎，行至白帝城。收到特赦的命令后，立刻动身前往江陵，写下了千古名篇《早发白帝城》。李白应友人之邀，于故地游玩。大约两年后便因病返回金陵，因生活窘迫，只得投靠亲戚。不久便病逝，临终前赋《临终歌》。

李白少年时便常去寻找道士谈论道经。诗作被收集于《草堂集》，但已遗失九千余首，现仅存诗九百余首。杜甫评价李白"白也诗无敌，飘然思不群"，称他是"谪仙人""落笔惊风雨，诗成泣鬼神"。

绘制思维导图

思维导图绘制步骤

绘制导图非常简单，难在什么时候画？为什么要画？画什么？我在大学刚接触到思维导图的时候，当时的教程和相关书籍都是大量的篇幅讲思维导图如何如何好，然后进入教学的第一篇就是让画水果分类，直至我把整本书啃完我依然是一头雾水，"为什么要画水果？""怎么画？""有什么好处？"诸如此类的疑问在我脑中盘旋。那时，我丝毫没有感受到思维导图的魅力，整本书大量篇幅在说思维导图的好处，但我按照教学绘制以后完全没有感受到任何好处，我迷惑了很久，直到后来在学习中尝试使用以后，才慢慢感受到它的无穷魅力。所以，思维导图的好处是只有绘制者才能深切体会到的。什么时候画？怎么画？这是需要遇到问题的时候去尝试才能找到答案的。在此，我们暂时抛开这些疑问，就看作发散思维的训练，我们尽情地来一场头脑风暴。准备白纸（A4 和 A3皆可，A4 方便平时绘制和保存，A3 为思维导图锦标赛官方要求尺寸）、彩色笔（中细即可，太粗纸张不够画，太细不够醒目）、铅笔、橡皮等。准备好后我们就以关键词"宝箱"来开始发散和绘制。

中心图是一张思维导图的主题核心，像给一个人起外号，给商品贴标签一样，绘制了大量思维导图以后方便我们识别和回忆。标准的思维导图要求三种颜色以上更能激活大脑的注意力，具体画什么全凭自己自由发挥，比如做"工作计划"可以把中心图画成时钟、领带、厚厚的资料甚至几个箭头都完全可以，实际使用当中导图基本是为自己服务的，所以中心图画什么全看自己发散出什么画面。当然，切记思维导图的绘制并不是绘画比赛，不要求会画画、画得足够好，只要自己足够认真地去发散去描绘就足够了，针对不会画画的情况，就算画几个立体的箭头，画一个云朵然后中间写上标题也完全 OK（图 6）。本例是"宝箱"一词开始发散，所以在纸的正中间画一个宝箱即可。

图 6

这一步是整张思维导图的灵魂，一边想一边用线条和关键词进行记录，需要注意的两个重点是"线条"和"关键词"。线条方面：有的人线条画得太粗、衔接混乱等都是错误的方法，常见错误将在下一部分集中列举出来，最容易错的也就是思维导图线条的绘制。线条和关键词都是思维导图的灵魂，线条是牵引各个关键词的逻辑线索。关键词方面：一定是提炼出的关键词而非一句话，有的不能提炼的内容我们可以用附表的方式来辅助表达，总之在思维导图的比赛规则里，是不允许一句话或是短句子出现的，关键词也并非一定要是文字，也可以是图示、符号等。每一个分支必须用不同的颜色表示，而分支上的关键词可以统一用黑笔书写，也可以是和分支一致的颜色来表示（图7）。

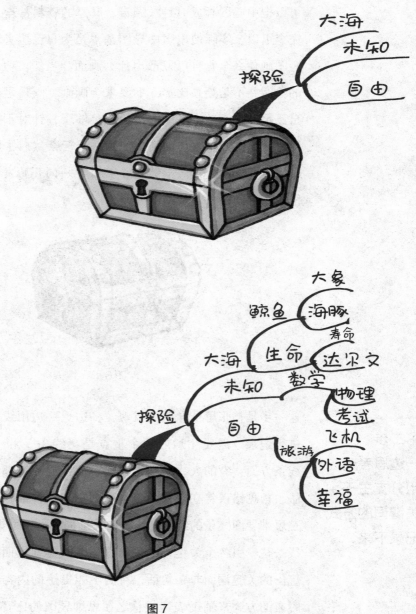

图7

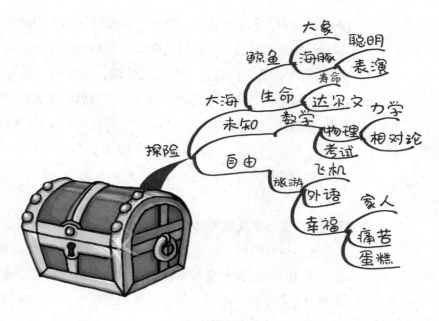

图 7（续）

　　"宝箱"想到"探险"，这里可以看作自己思维的第一个维度，及自己最容易想到的相关词。因此，从中心图处用自己觉得可以代表这个词的颜色，由粗到细<u>画出主干并在线条上写出关键词"探险"</u>；然后再由主干开始发散，比如"探险"一词想到"大海""未知""自由"，那么从<u>主干的末端，继续长出线条并在线条上写出关键词</u>；以此类推，从"大海""未知""自由"这三个词依次自由发散，根据纸张的空间来控制发散的数量，记录下自己最感兴趣或是觉得最有意义的关键词即可。此处作为发散练习，请尽可能多地写出关键词，把纸张填得满满的为佳，越饱满，智慧之花就越"美丽"。

　　当我们把第一个分支主干完成以后可以回头看看自己的思考过程，最初由"宝箱"想到"探险"，然后"探险"想到"大海""未知""自由"，继续发散，可以看到这是一个无限发散的过程，为了保证练习效果，在做这个练习的时候你可以尽量把纸张写满，分支的最末端也是把自己有想法的分支尽量发散下去。我们可以直观地发现，末端的分支有"聪明""力学""家人"等词，如果不经过思维导图的绘制过程，我们是绝不可能由"宝箱"一词直接联想到"力学""聪明"这些词的，这就是思维导图激发想法的秘密所在，逻辑严谨地联系了发散性的点子，正如人类大脑思考的规律。

"探险"这一维度思考结束以后，再想"探险"以外直接和"宝箱"相关的词，这就形成了我们的第二个思维的维度。第一个主干就是我们最容易想到的惯性思维，越到后面的主干就是我们平常生活中越不容易想到的维度，最容易忽视到的问题，工作的时候往往是朝一个方向就执行下去了，可能最后发现并不高效。写作文的时候也是一样，想到一个点子马上就往下写，这样往往容易写偏题。在思维导图的绘制过程中，线条＋关键词的方式帮助我们很好地记录了想法，顺时针依次发散一共完成了四条主干，最终形成了一张自己的思考地图（图8）。

——
第三步
审视导图，
标记重点

第二步的绘制过程中基本已经理清了思路，将自己的想法认真阅读一次可以帮助自己下决策，做出最优化的选择。这里可以在自己觉得需要标记的地方画上插图强调。在分支方面，目前流行用浅色调的笔在分支下勾出阴影让整幅导图更具立体感，最后写上标题和日期，这样就完成了一张标准的思维导图。当然，在实际运用中，大部分时候思维导图铅笔草稿绘制完成后，第二步就能直接解决问题（图9）。标准的导图有利于传播的阅读，更加能够帮助记忆，就像一个画家画完一副大作一样更有满足感，会不时地去欣赏它。

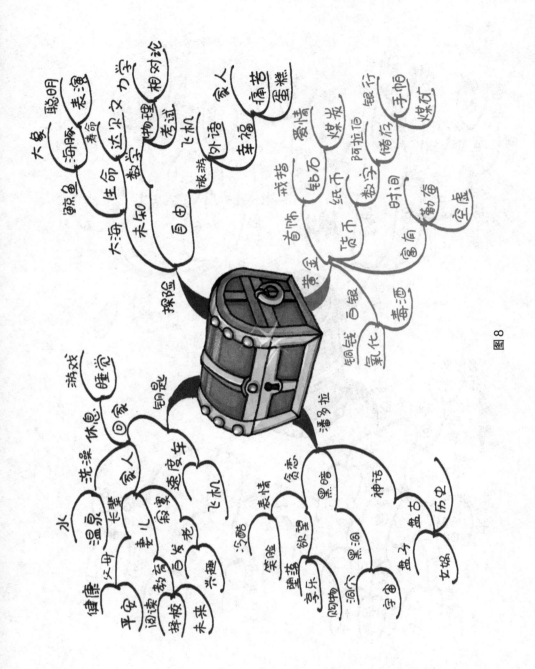

图8

图9

常见的错误导图

思维导图的核心是绘制过程中的思考过程，但认真地去绘制，按步骤尽可能标准地去完成它才真正能让我们感受到绘制中思考的魔力。因此，绘制形式也非常重要，对于新手，常见的错误导图有如下。

错误一：线连词（图10）

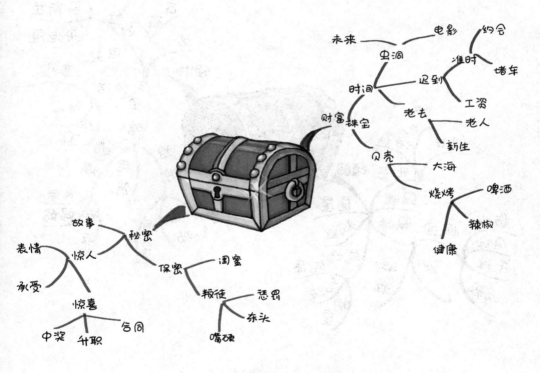

图10

"线连词"是新手最容易犯的错误，比如"时间"发散想到"虫洞"，然后就先写"虫洞"两个字，然后它们之间用线连起来。这和标准的思维导图绘制对比而言，标准的方式是先画线条，同时写关键词，这时线条起到的作用是把各个发散出来的词连接起来，整个思路和逻辑是相通的，如果是"线连词"，那么效果会大打折扣，请时刻记住"线条"是导图的灵魂。

错误二：关键词没有写在线条上方（图11）

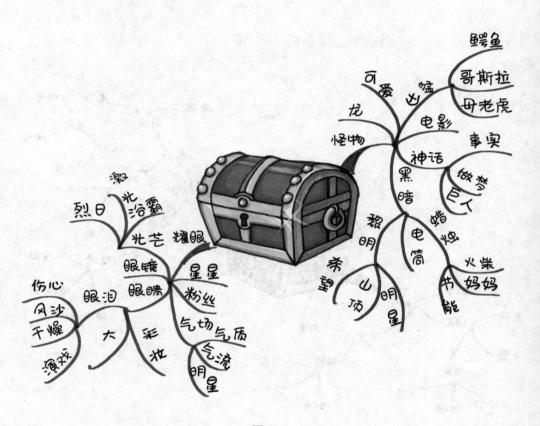

图11

将关键词写在线条上方，这样线条就变成了"下划线"，起到了强调和加深记忆的作用。因此，线条也要尽量舒展开，然后画成左右走向以方便书写，纵向的线条非常影响阅读。

错误三："关键词"写成了"关键句"（图12）

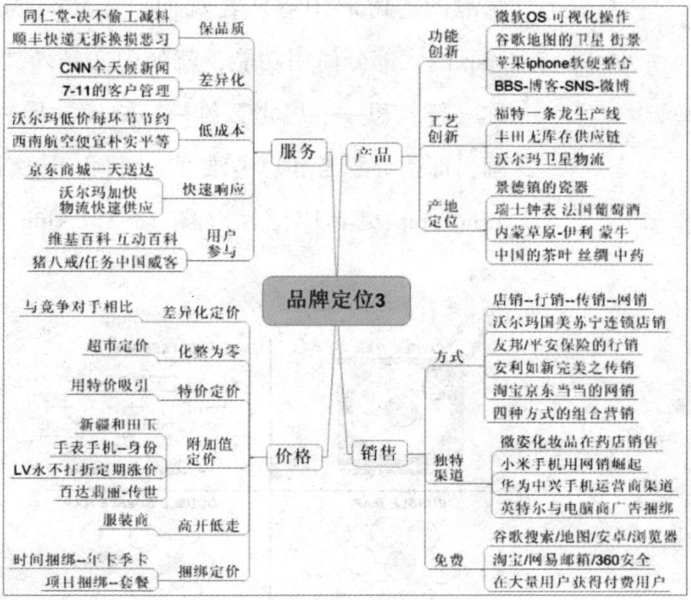

同仁堂--决不偷工减料
顺丰快递无拆换损悲习 —— 保品质
CNN全天候新闻
7-11的客户管理 —— 差异化
沃尔玛低价每环节节约
西南航空便宜朴实平等 —— 低成本 —— 服务 —— 产品
京东商城一天送达
沃尔玛加快物流快递供应 —— 快速响应
维基百科 互动百科
猪八戒/任务中国威客 —— 用户参与

品牌定位3

与竞争对手相比 —— 差异化定价
超市定价 —— 化整为零
用特价吸引 —— 特价定价
新疆和田玉
手表手机--身份
LV永不打折定期涨价 —— 附加值定价
百达翡丽-传世
服装商 —— 高开低走 —— 价格 —— 销售
时间捆绑--年卡季卡
项目捆绑--套餐 —— 捆绑定价

微软OS可视化操作
谷歌地图的卫星 街景
苹果iphone软硬整合 —— 功能创新
BBS-博客-SNS-微博
福特一条龙生产线
丰田无库存供应链 —— 工艺创新
沃尔玛卫星物流
景德镇的瓷器
瑞士钟表 法国葡萄酒
内蒙草原-伊利蒙牛 —— 产地定位
中国的茶叶 丝绸 中药

店销-行销-传销-网销
沃尔玛国美苏宁连锁店销
友邦/平安保险的行销
安利如新完美之传销 —— 方式
淘宝京东当当的网销
四种方式的组合营销
微姿化妆品在药店销售
小米手机用网销崛起
华为中兴手机运营商渠道 —— 独特渠道
英特尔与电脑商广告捆绑
谷歌搜索/地图/安卓浏览器
淘宝/网易邮箱/360安全 —— 免费
在大量用户获得付费用户

图 12

关键词的提炼是提升思维导图技巧的一个重要方向，优秀的导图很少会出现长句子，只有精炼的"关键词"才是神形兼备的标准导图。除了上述三种最常见的问题，另外还有"将纸张纵向放置绘制的""中心图偏移中心的""用有横线的笔记本画的""主干与中心图过于分离的"等各种问题，这些都应该在实际绘制中注意。

区分 Thinking Map 和 Mind Map

我们所学习的托尼·博赞先生发明的思维导图英文名称为 Mind Map，它源自于英国。除了 Mind Map，还有一种导图在国内也被翻译为"思维导图"，它是美国学生比较流行使用的八大笔记工具，英文名称为 Thinking Map，它包括圆圈图、气泡图、树形图等。客观而言，Mind Map 涵盖了 Thinking Map 的大部分使用功能，就如中文翻译"思维导图"这个名称一样，思——思考，维——维度，导——引导，图——图画，即引导思考和思考维度的图画。从实操性和实用性而言，Mind Map 更具广泛性（图 13 Thinking Map 的八种笔记图示）。

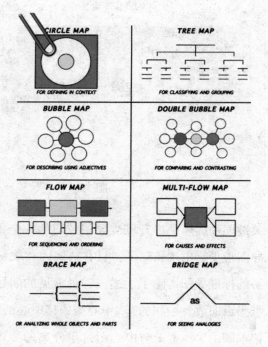

图 13

绘制练习

我们先以自由发散的形式，按照思维导图的绘制步骤去练习绘制和思考，请尽可能多地发散，让画面饱满，让这朵思维之花盛开。此处的练习可以是草稿形式用单色笔即可。

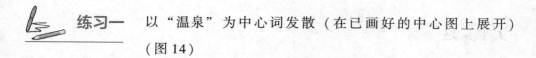 练习一 以"温泉"为中心词发散（在已画好的中心图上展开）（图14）

图14

练习二 以"童年的玩具"为中心词发散（中心图自行绘制）

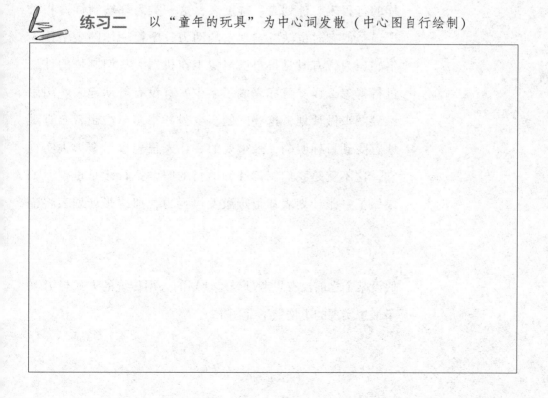

实战运用
——成为效率达人

如何用思维导图做计划

从小到大几乎每个人都会做各种各样的计划，关于学习、生活、旅游、时间管理等。在工作中我们也会遇到各种各样的行程表、计划表、进度表，这一类表都被制订得相对严谨，但有时也缺乏实现它的动力，千篇一律的表格让人倍感压力，有时觉得自己很像工作机器。我们制订的计划进行得怎么样？目标完成了多少？有没有行动起来？用思维导图来做计划，这些问题会变得好很多，绘制者会直观地感受到目标明确，最重要的是让人很想拼尽全力去实现它，这不就是我们制订计划的目的吗？执行才是重点，如果做了一张计划表却很难激发执行力，那这张计划表将毫无意义。

假设某个之前没有思考过今年计划的人用传统的方式想了 10 条最想实现的事情如下（图 15）。

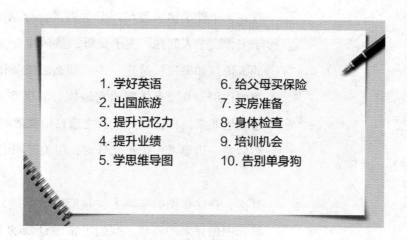

图 15

上述这些事情有的人可能用表格来表达，然后再预估一下完成的时间，那么一张表格式的计划表就完成了。如果对比使用思维导图的方式，我们就能看出其中的差异（图16）。

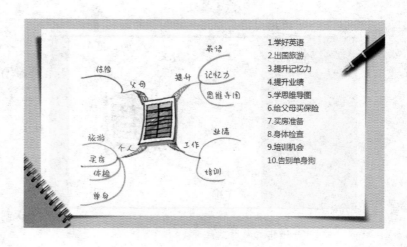

图 16

首先，十件事情大致可以分为四类，分别是：学习提升、关于工作、个人问题、关于父母，然后用分支分别表示出具体的事情。如果仅仅是这一步，那么思维导图仅仅起了一个分类的作用，并没有体现出它最核心的优势，到这一步的绘制过程也非常简单，按照我们之前自由发散的方式画出中心图，然后是一边思考一边扩充分支，用关键词记录。

其次，在这张图的基础上，我们应该继续发散，这正是用思维导图做计划的核心。我们平常做计划的方式往往只是想到大的方向，而不会习惯性地去想细节，去思考它的可执行性，如何落地实操等问题，用思维导图的方式就会很容易地顺着思路发散，想到了事情的细节，找到了解决问题的突破口（图 17）。

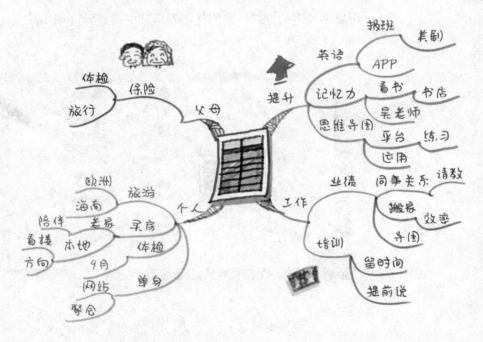

图 17

比如"学习英语"这件事情，如果继续发散，我们就会去想如何提升这样的操作层面，所以可以继续想到"看美剧""下载APP"。即使是这样还可以继续再往下发散，比如要看哪一部美剧呢？是不是可以和同事探讨，哪些APP学英语性价比高又不收费呢？以此类推，每一个分支都通过进一步的发散想到了很多操作方面的细节，然而这是按照传统方式制订计划的时候很容易忽视的问题。如果是单位的工作安排，那么就会有很多交接问题被忽视，这样就大大降低了工作效率，也拉低了公司的整体效率。

很多人用思维导图的方式制订出计划草稿以后，再绘制成标准的彩色版本并加上好看的插图，然后装在相框里放在办公桌前，这样既赏心悦目，又时刻提醒自己计划的进行程度，比起表格式的计划来说，我们的大脑更愿意去实现这样的内容。按照这样的方式，可以定制出工作的周计划（图18）、年度计划、个人的旅游计划（图19）、孩子的学习计划等，

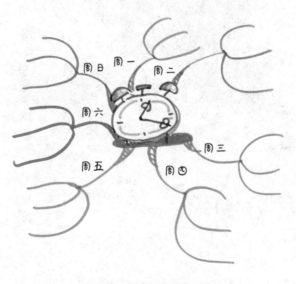

图18　周计划模板

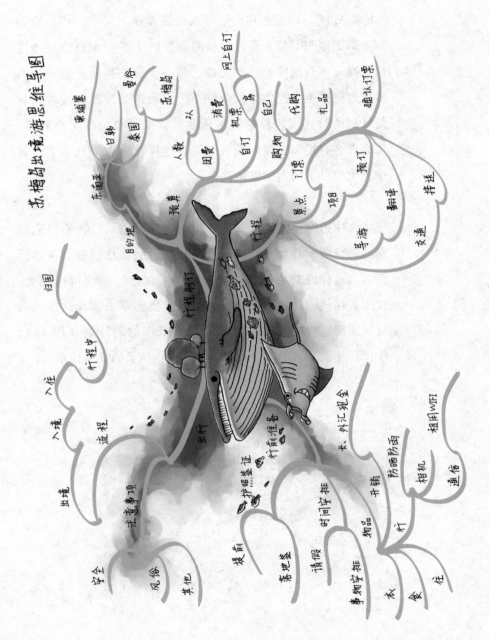

图19 旅游计划

苏梅岛出境游思维导图

如何用思维导图激发创意

创造力是人的核心竞争力，现在的信息社会和今后的人工智能时代，毫无疑问没有创造力的人将会面临淘汰。激发创意，随时充满灵感也能让我们的生活更具品质，让大脑保持健康。在工作中小到写文案，大到产品设计、项目开发、艺术创作、发明创造都必须要求大脑有灵感，那么，利用思维导图激发灵感，就是一件非常有意思的事情，它是一个人的头脑风暴。

我们以一个特别的题目《设计一款马桶》为练习材料，展开我们的奇思妙想。这里你可以像往常一样先尝试一下能想到哪些有趣的点子，然后用笔记录下来，接着我们再用思维导图来完成。这里我想到了"加热马桶盖""臭氧杀菌""老人防撞报警"这三个点子，接下来如果不用思维导图的话我的想法很难再在不同的维度去展开，而且也比较混乱，因此用思维导图来激发我的想法如下（图20）。

首先，综合我刚才想到的三个点子，我先把主干分为"颜色""体验""外观""附加"这四个方面来展开。虽然颜色也应该属于外观，但是由于我想到的从颜色方面来改造马桶的点子比较多，因此单独作为主干来展开，在实操中这是常见的方法。因此，思维导图的主干也并非严格意义的分类，而是记录自己思考过程的一种手段，具体呈现的方式因人而异，适合自己就好。

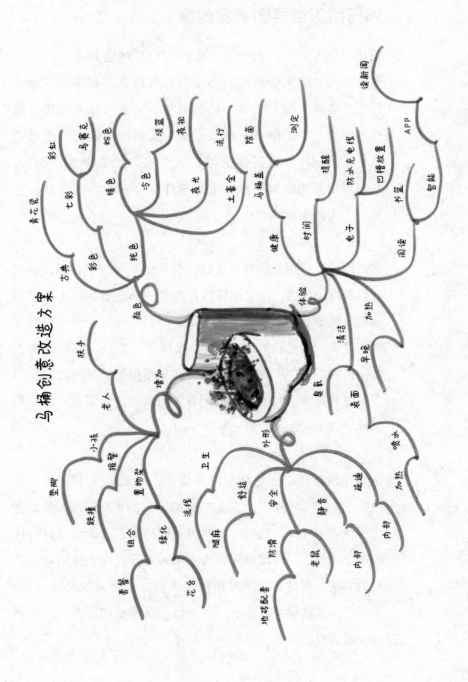

图20

其次，固定好主干以后开始展开联想，可行的方案再进一步展开，这样依次完成就得到了上面的导图。在实际讨论中，我们很容易犯的错误是几个点子打架然后展开讨论。用思维导图的时候我们发现，主干为"颜色"，那么我们就只讨论颜色，不是这个方向的点子都暂时不讨论，这样一来大家的想法都集中到了一个点上，就可以迸发出很多有趣的想法。从"颜色"发散，我想到了马桶色调的单一性，可否做青花瓷图案的马桶？可不可以是有生肖的？同样还想到了可以是夜光的，这样夜间上厕所尽量避免碰撞；"体验"展开想到了健康方面，想到增加时间提醒功能防止如厕时间过长，增加冲水龙头等；"外形"也可以做一些调整，比如改造内部结构让它更具静音效果，防止老鼠进入等；"附加"方面可以增加儿童配套设备、绿化等，整个思考的过程跃然纸上，最后再去讨论和做决定就显得简单和高效得多。

如何用思维导图写文案

在教学实操中我们常常把思维导图运用于教孩子如何写作，这一点也可以用到写文案上。回想高中时期我们写作文时常遇到的困难，比如内容千篇一律司空见惯；或是根本没有任何想法，拿到标题却迟迟无法下笔；又或是想到一个思路就立马动笔写，写到快结束时却发现写偏题了等。如果在动笔之前花短短几分钟时间用思维导图梳理一个草稿，那么就能写出自己最满意的内容，整个书写都会变得非常流畅。下面以写一篇促销记忆力课程的文案为例。

首先，绘制导图之前我完全没有任何思路，我能做的就是把现有的素材列举出来，我知道什么具体的故事或是这样写可能会勾起读者的兴趣，会有代入感。于是我将主干画成"素材"，然后围绕这一个点<u>尽可能多地罗列出我知道的信息</u>，或是可以去查到的信息（图21）。

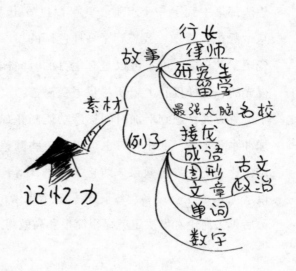

图21

罗列完毕以后开始构思这篇文章应该怎么写，我认为记忆力最有说服力的是列出一些很难记住的内容，然后给出实际方法后让阅读者有参与感，并且能马上记住。于是我就思考有哪些例子可以用于文案当中，比如快速记住一些单词、圆周率、文章等，既可以突出方法又可以感受到记忆术的魅力（图22）。

有了大概的思路和素材，剩下的就是如何拼装这篇内容。于是就按照正文的顺序大概确定先写一段教学，然后切入故事，随后引出老师和介绍，最后附上学员评价以及课程收获，再

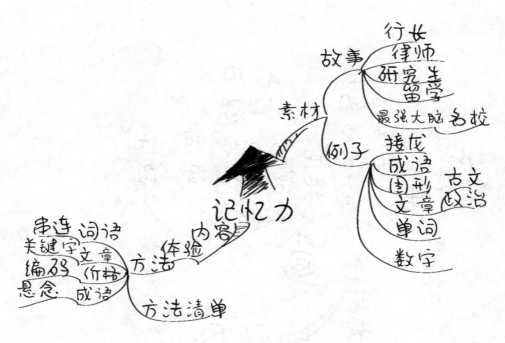

图22

附上感谢语或是孔子的一句话作为结尾。就这样，一篇文章的思路就出来了（图23）。

需要注意的是，用思维导图去激发自己写文案的方式步骤，主干如何确定、分支如何展开并没有一个统一的模板和套路，没有某一个固定公式，思维导图一定是灵活的。因此，我们只需要按照思维导图的绘制步骤，把我们所想到的记录下来就可以了，最终跃然纸上的是我们构思的前后逻辑、因果关系，我们最后参照这张思考的地图才能选择自己能写出的最合适的内容，这样就避免了想到某个点子就开写最后再来反复改的状况。思考→罗列→有了思路→记录→全局判断，步骤非常简单，这里我们用草稿的形式就解决了问题，因为在实操中写文案才是目的。

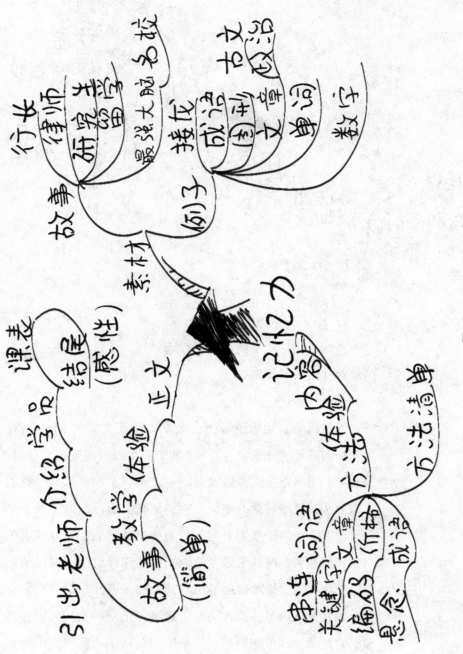

图23

如何用思维导图记录阅读重点

用思维导图记录阅读内容在学习中的使用频率非常高，它极其有助于提升对内容的理解和记忆，特别是今后再次复习到同样内容的时候，思维导图的作用更加明显，它的优势大大超过传统的线性笔记方式（图24、图25）。

图24

传统的段落式、大纲式、条例式的笔记不易记忆，埋没关键词，不能有效地刺激大脑，而且前后翻阅较花时间。

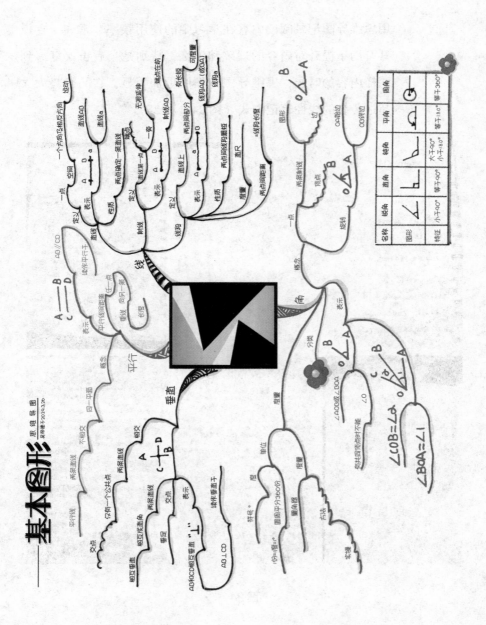

图25

思维导图优势明显，它焦点集中，知识板块的主题明确，条理清晰且层次非常分明。以下面的材料为例，介绍如何将知识点做成思维导图。

招人喜欢的蔬菜——茄子

茄子又称落苏、矮瓜、昆仑瓜等，为茄科植物。其原产地是印度，已有四千年栽培史。晋朝传入我国，迄今也逾两千年，是城乡人民重要的蔬菜之一。茄子有紫茄、白茄、青茄等品种，按形状不同，有圆茄、灯泡茄、线茄等。茄子以鲜嫩、色泽光亮、无热斑、虫蛀、花斑，不皱皮者为佳。圆茄做烧茄子最好，煮食或凉拌次之；灯泡茄凉拌较好；线茄搅拌皆宜。茄子的花、蒂、茎、根、果和种子均可用于食疗。

茄子含钙、镁较多，与其他蔬菜不同的是茄皮中含丰富的维生素 E 和维生素 P，由于维生素 E 在其他蔬菜中极少，使茄子具有特殊的食疗价值。维生素 E 具有抗氧化功能，延长维生素 A 在体内的贮存期，并增加效能，有防癌作用。维生素 P 能改善微细血管脆性，增强人体细胞间的黏着力，防止出血。茄子对高血压、动脉硬化、咯血、紫斑症及坏血病患者有食疗作用；对痛风患者也有食疗作用。

茄子皮含有茄子皮红色素，其主要组成成分是花青素类多酚物质，这种天然色素具有明显清除自由基的作用，有良好的抗氧化、抗变异、抗肿瘤的能力。所以在吃茄子时不要削去皮，应该连皮一起烹饪食用。茄子中含甘草甙、葫芦巴碱、水苏碱及胆碱，茄子纤维中含"皂草甙"，这些物质都可以降低血液中胆固醇的浓度，因此，常食茄子对防治高脂血症有效，对高血压、易上火的人有好处，对预防冠心病也发挥很大作用。茄子里所含的胆碱、皂角等有抑制炎症和镇痛的作用。茄子的涩味成分是鞣酸，其碱性成分可加强齿龈，民间用茄子粉刷牙，可以健齿。

茄子其海绵状组织吸收油脂的功能很强，可以吸附食物中的脂肪，经常生食茄子或蒸熟后食用，可以减少机体对脂肪的吸收，有效地降低血脂。

双色部分为模拟阅读时记号笔勾出的有价值的信息

一边阅读上述文字，一边勾画重点以及自己觉得有价值的信息，到这一步为止是和传统的笔记方式一样的。通过阅读可以发现，这段文字主要讲的是茄子具有食疗作用，主要原因是茄子皮中所含物质起到的作用和其他部分所含物质分别起到的作用。文字并没有严格按照段落逐一介绍，段落的前面和后面都有展开说明，因此我们用思维导图草稿进行梳理可以先大致分为："基本信息""所含物质"和"茄子皮"三个主干。当然，这是基本的归纳能力，归纳成什么内容来展开也因人而异，读取其中自己觉得有价值的信息即可（图26）。

草稿主干固定以后就是一边对照原文一边把分支扩展开，这一步和传统的笔记记录过程比起来要愉快得多。草稿完成以后，如果觉得这段信息很有参考价值，那么可以画成标准的思维导图保存起来，下一次阅读时就只需要看这张导图，就能迅速地抓取到关于茄子营养方面的信息（图27用彩色笔画了标准的思维导图，在绘制过程中对个别关键词进行了调整）。

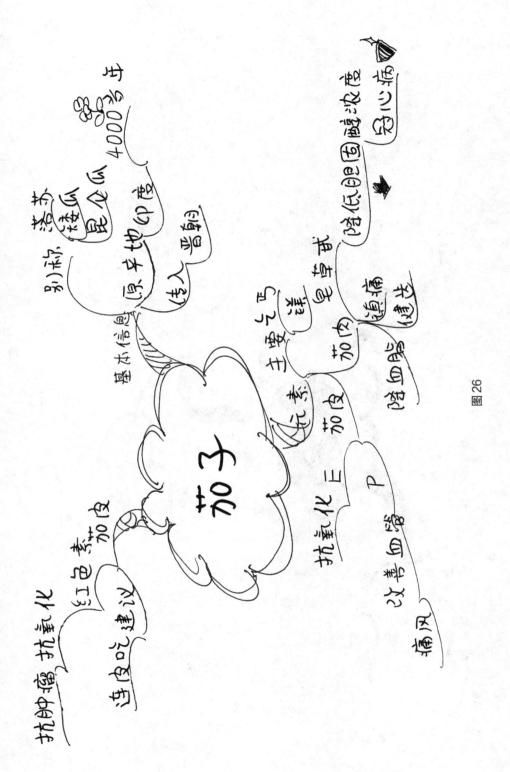

图26

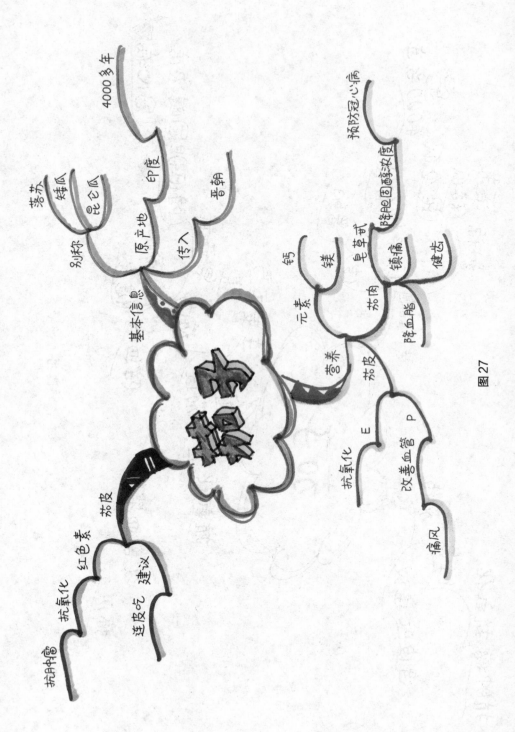

图27

如何用思维导图整理一本书

学会了用思维导图做阅读梳理，那么整理一本书也就很简单了。它们的步骤因绘制者的习惯不同，所以完全不用统一，最主要的是对有价值的信息的摘取。长篇的文字可能只有几句话打动你，或是某一段的关键信息是你的知识盲区，让你觉得非常有帮助，并且想把它记录下来，那么整篇文字对你而言有价值的就是那几句话而已。同样，一本厚厚的书，不同的人去读，有价值的部分也会完全不同，因此，用思维导图整理一本书不是按照作者的目录去梳理，而是梳理自己的目录，摘取书中自己觉得有价值的精华，然后归纳成目录。把书做成导图，是一种快速提升自我的高效手段。

以蒙曼老师的《四时之诗》为例，看到这一本好书，如何结合自己的实际情况将它梳理成一张导图，我的操作过程是这样的（图28、图29）。

图28

图29

这本书的内容如同书名，书名如诗词一样优美，按照春、夏、秋、东的时间轴来展开，每一个章节都选了七首最能代表那个时节的诗，在书的最后再附上了一个特别的章节就是李白的《子夜吴歌》，刚好也是按照四季的顺序写了春夏秋冬，因此作为一个特别章节留在最后，这样一来这本书的结构在阅读目录的时候就一目了然了。

对我而言，这本书很有价值的地方是作者按春夏秋冬这个方式来划分诗词的理由，她在"序"中写到挑选这些诗词的原因，以及对《唐诗三百首》的一个大概介绍。我是一名老师，这对我的教学非常有帮助，因此，我的导图把她前面的大概介绍也做成了一个基本信息去展开，便于我日后去查阅。另外，如果导图把书中所有的诗都列出来，显然是没必要的，因为这样，导图就和书里的目录相差无几了。如果想展开，那么也应该是将每一首诗单独做成一张导图。因此在最后绘制导图的时候，我决定每一个季节选出我最喜欢的一首诗用分支来展开，这样，这本书就做成了方便我教学的一张导图，即课程的教学大纲（图30）。

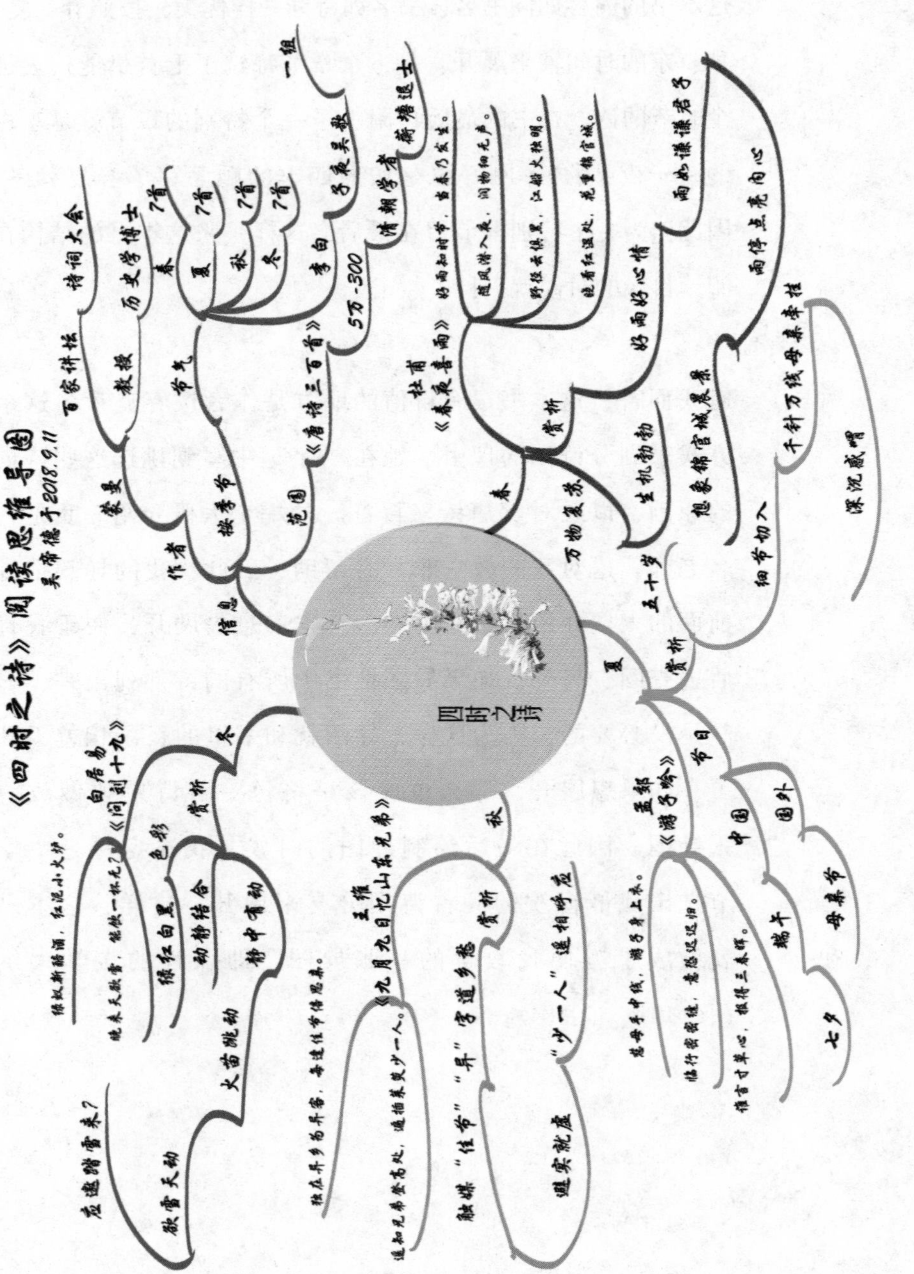

《四时之诗》阅读思维导图
吴帝德于2018.9.11
四时之诗
信息
作者
背景
百家讲坛
教授
诗词大会
历史学博士
季节
春 7首
夏 7首
秋 7首
冬 7首
范围
《唐诗三百首》
5万-300
李白
子夜吴歌
清朝学者
蘅塘退士
一组
春
杜甫
《春夜喜雨》
好雨知时节，当春乃发生。
随风潜入夜，润物细无声。
野径云俱黑，江船火独明。
晓看红湿处，花重锦官城。
赏析
万物复苏
生机勃勃
想象锦官城美景
好雨好心情
雨如谦谦君子
夏
五十岁
赏析
细节切入
千针万线母亲牵挂
深沉感悟
孟郊
《游子吟》
慈母手中线，游子身上衣。
临行密密缝，意恐迟迟归。
谁言寸草心，报得三春晖。
节日
中国
国外
端午
母亲节
七夕
秋
王维
《九月九日忆山东兄弟》
独在异乡为异客，每逢佳节倍思亲。
遥知兄弟登高处，遍插茱萸少一人。
赏析
触碰"佳节""异"字道乡愁
"少一人"遥相呼应
避实就虚
冬
白居易
《问刘十九》
绿蚁新醅酒，红泥小火炉。
晚来天欲雪，能饮一杯无?
赏析
色彩
绿红白黑
动静结合
静中有动
火苗跳动

图30

再以厚达 509 页的《图解易经》
一书为例，我是这样将这本书
做成一张导图的（图 31、
图 32）。

图 31

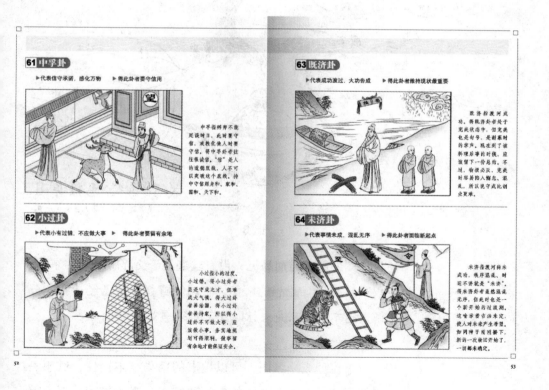

图 32

翻阅这本书，它分为上篇与下篇，上篇只有三章内容，寥寥几十页，而大部分的笔墨在下篇，其90%的内容是具体的六十四卦爻辞的解释。但是，恰巧这90%的内容对于我而言是几乎没有实用价值的，我只是想了解易经的哲学思想和大概的介绍，所以，上篇的三个章节对我而言是最有价值的内容，我一边翻阅一边勾画重点，然后对照上篇的目录进行归纳，最终梳理出了这张思维导图（图33）。

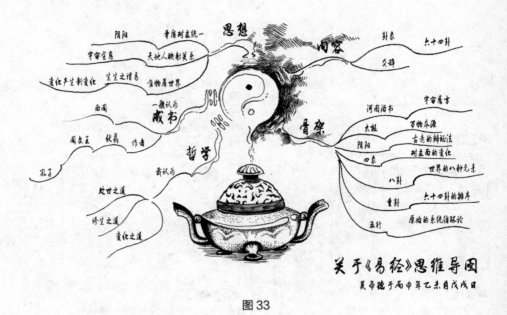

图33

通过导图的阅读显而易见，没有丝毫关于爻辞解释类的东西，仅仅是《易经》思想的解释，名词的解释，这已经让我充分了解了这本书的来龙去脉以及它的深厚文化。

把一本书梳理成一张图，可以把书的精华牢牢锁住，试想一个爱阅读的人如果把书柜的书都浓缩成一沓沓导图，那不就是完美诠释什么叫"把书读厚，把书读薄"这句话了吗（图34、图35、图36）？

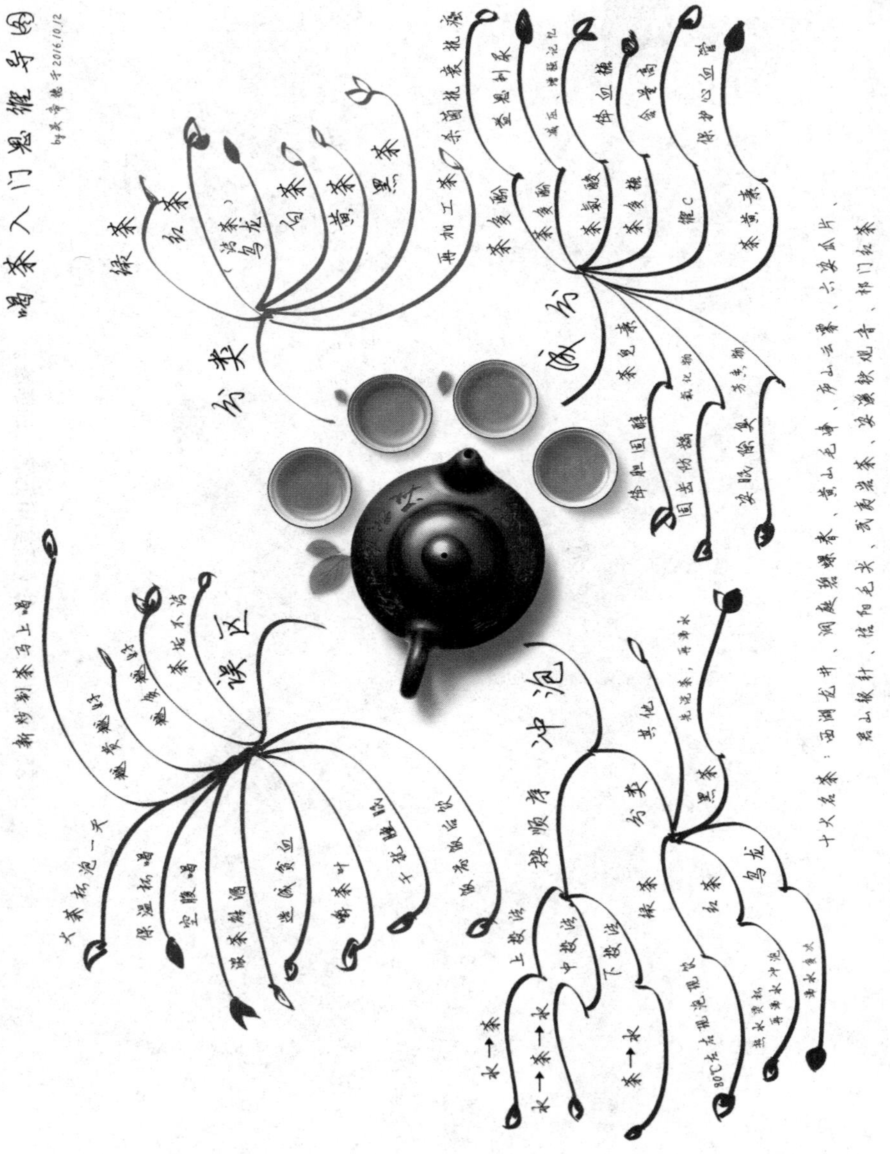

喝茶入门思维导图
by 朱帝德子 2016.10.12

图34 阅读《喝茶入门》（电脑绘制）

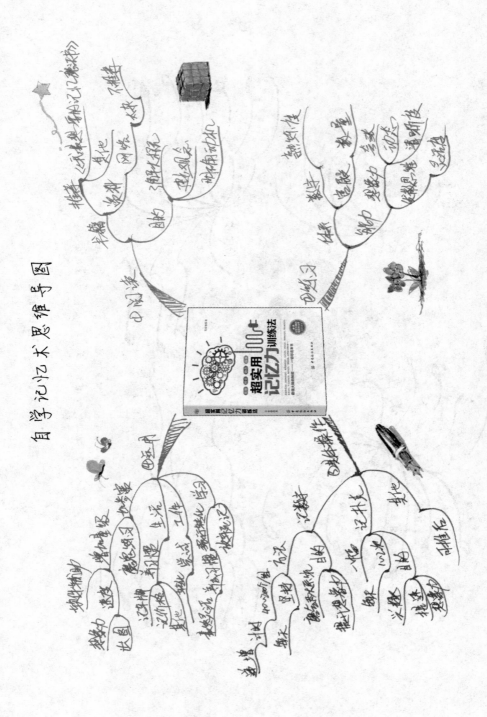

图 35 我的另一本书《超实用记忆力训练法》

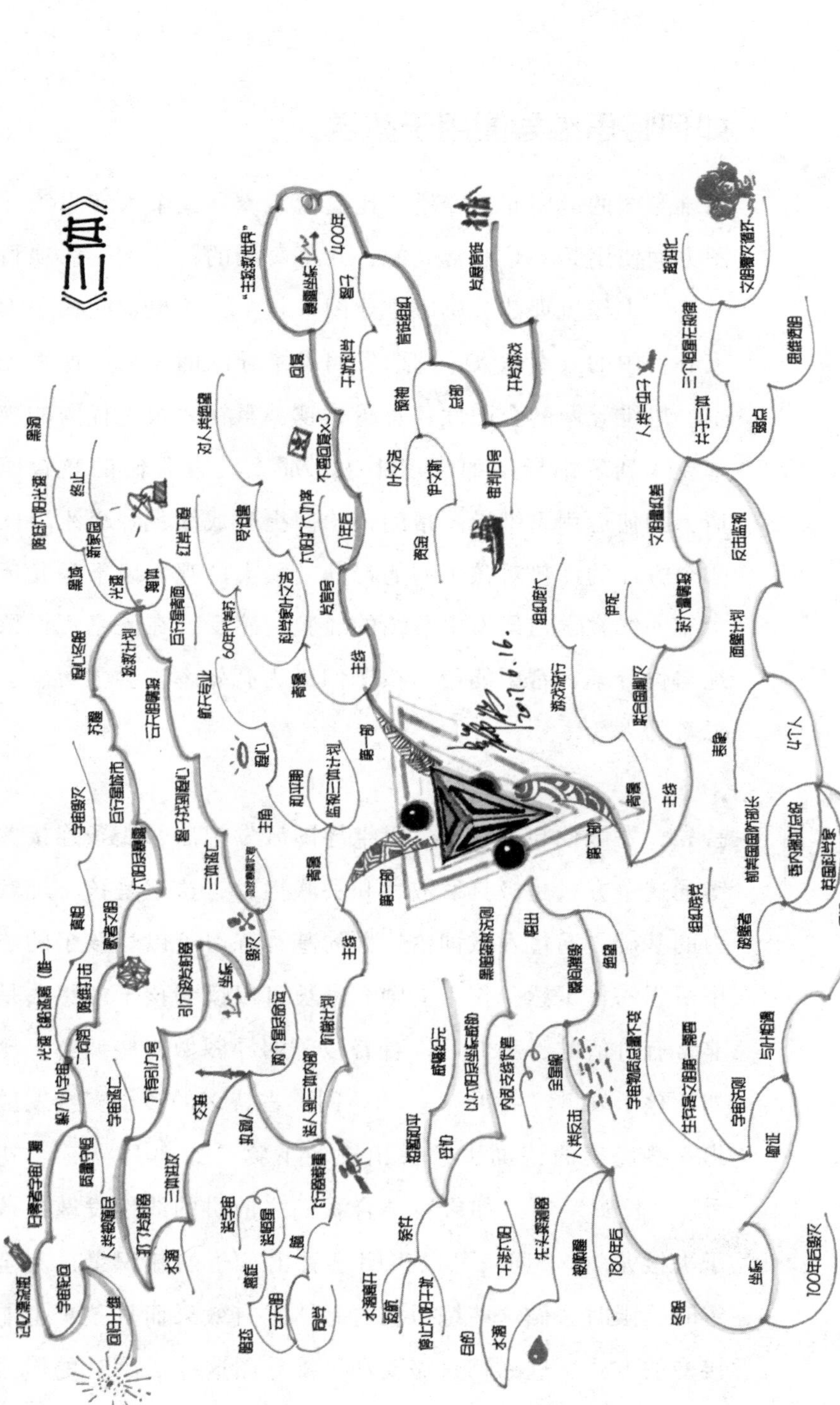

图36　90万字的《三体》故事主线同样可以用思维导图梳理

如何将思维导图用于教学

思维导图的运用非常广泛，比起记忆术，我个人在思维导图方面使用频率是非常高的，几乎每周的公司例会、项目讨论、工作梳理都会用思维导图来帮忙，这也让我成了大家心目中的效率达人，感谢发明思维导图的托尼·博赞先生。思维导图的全国性普及越来越被重视，很多优秀的教师投入到思维导图的学习中来，那么结合我们的教育国情，如何运用思维导图帮助孩子们提升成绩呢？思维导图哪个方面的优势对孩子们的帮助是最大的呢？以下是我近十年一线教学与研发中总结的经验与感受，在此毫无保留地与你分享，希望能帮助孩子们成为有效率、会学习、会思考的人。

首先，发散性与关联性。思维导图激发想法，线条连接关键词这个方式是极具发散性和关联性的，这正是孩子理解力的基础，通过发散词语这样的基本练习可以让孩子的心中所想一目了然，作为老师和家长可以读到孩子的想法是非常有价值的，我们可以看着孩子的导图做一些调整。比如让孩子发散"荷叶"一词，阅读古诗多的孩子多会发散出一些优美的诗词中常常出现的事物，如"月亮""花香""长廊"等。如果再结合我们之前讲的线性发散让孩子去接龙 20 个词，可以很明显看出孩子的知识量，甚至定时、限时去做这些练习，这是非常有效果而且孩子也能接受的方式，这一切只需要和思维导图这种"画"的形式结合起来（图 37）。

图37

我的中小学生思维导图课堂中，前面会让孩子练足发散的游戏，还会穿插一些游戏比如猜物品，让孩子从各个角度去思考答案。具体的实操可以扫描二维码观看我的免费视频学习，二维码：

其次，引入思维导图阅读。引入思维导图的概念以后，应该迅速抓住孩子的兴趣点吸引他们的注意力，我们要借助导图去尽可能有趣地讲解他们感兴趣的知识、课外阅读等。在实践中我们根据不同年级设计不同的内容，低年级段的用思维导图去讲绘本，中年级的可以讲一些历史故事、寓言故事等，到了高年级就专门设计讲人文故事。这样用故事本身吸引孩子，用导图让他们去阅读，可以极高地激发他们去想象，去关联，而不是和以往一样去线性地全篇文字阅读，这是让孩子保持阅读兴趣的非常有效的手段。因此，我们的课堂上最初是游戏性练习，然后是导图的基本绘制和各种有趣的故事阅读，最后才是实操教学同步辅导（图38）。

图38

在"研学大师"服务号上可以找到我的部分免费思维导图内容，每张图用讲故事的形式把知识讲出来，让孩子不知不觉地接触到 K12 的内容。研学大师公众号：

最后，结合学科知识点绘制思维导图。前面两个阶段完成以后，孩子会表现出比较大的思维导图学习兴趣，有了强烈的兴趣就加大绘制练习频率，文章重点提取、诗词梳理、单元总结、单词归纳等都是需要孩子自己动手的，这个过程非常锻炼归纳能力，对提升理解力有明显的效果。在此，我提供我的一个思维导图网课的大纲供你参考，以便你设计教学大纲（图 39）。

用思维导图提升学习效率

一．方法实操学习
1. 聪明人都习惯发散思维（游戏引入发散思维，互动教学为主）
2. 高效的全脑阅读（游戏引入关键字，关键词阅读方式，挑战、互动教学为主）
3. 认识思维导图（思维导图介绍，概念引入）
4. 绘制导图就这四步（思维导图绘制实操，步骤演示）
5. 用导图激发创造力（小小发明家、角色扮演激发灵感实例展示）
6. 用导图养成时间管理习惯（通过用思维导图如何制订计划的讲解，引出思维导图由"粗"想到"细"的好处）
7. 用导图阅读整理（把知识活用起来，用思维导图梳理一本书的实操过程）
8. 用导图整理知识点（把零散知识点、表格梳理成思维导图的实例展示）
9. 用导图提升理解力（挑战为主，主干分支层级关系提升理解力，内容暂定）
10. 画 100 张图成为高效的学生（思维导图的各个方面的应用，强调好处）

二．用思维导图同步辅导——高效学习习惯养成
（语文板块）
11. 用导图写出高分作文（由无想法到想出好素材的作文实操步骤）
12. 学会写作文体套路（以导图为载体，梳理复习小学阶段 6 种写作文体）
13. 用导图学习修辞方法提升阅读和写作（学习 13 类小学必须掌握的修辞方法）
14. 学习文章背诵（以导图为载体，学习课文记忆方法）
15. 学习古诗词背诵（以导图为载体，学习古诗词记忆方法）

（数学板块）
16. 数学知识板块大复习（梳理小学数学板块所有内容）
17. 方程（以导图为载体，梳理字母表示数，以及简单方程）
18. 空间与图形（以导图为载体，复习点、线、空间与图形的概念）
19. 统计与概率（以导图为载体，复习）
20. 数学综合应用（以导图为载体，复习和梳理各种应用题）

（英语板块）
21. 句子结构（以导图为载体，梳理和帮助记忆，理解句子结构）
22. 动词、助动词（以导图为载体，帮助理解和记忆）
23. 词性（以导图为载体，帮助理解和记忆）
24. 时态（以导图为载体，帮助理解和记忆）
25. 记单词（以导图为载体，学习英语单词记忆的方法，做导图记单词的实操）

图 39

教学只要抓住"发散性"与"联系性"两点，逐步融入学科知识，同步辅导，相信孩子在学习能力上一定会有质的飞跃，让孩子绽放智慧之花。

教学中使用的思维导图一览

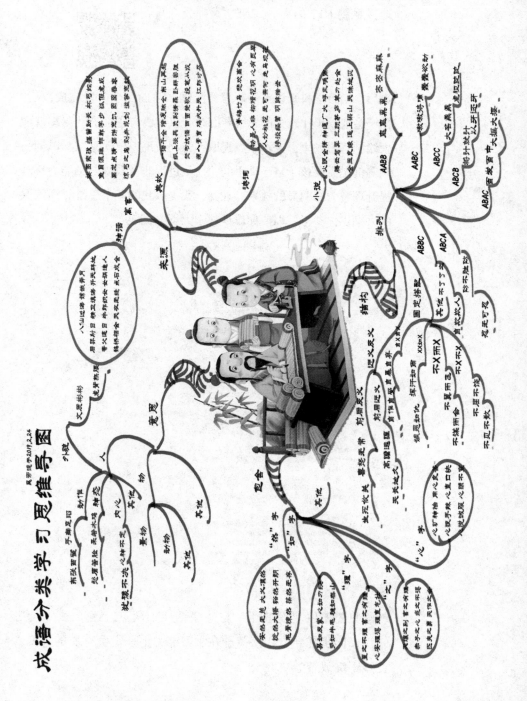

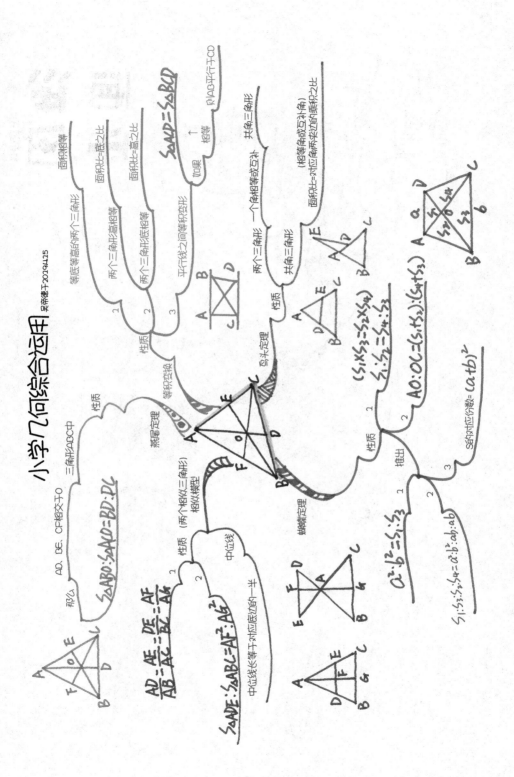

小学几何综合运用

吴希德于2019.4.15

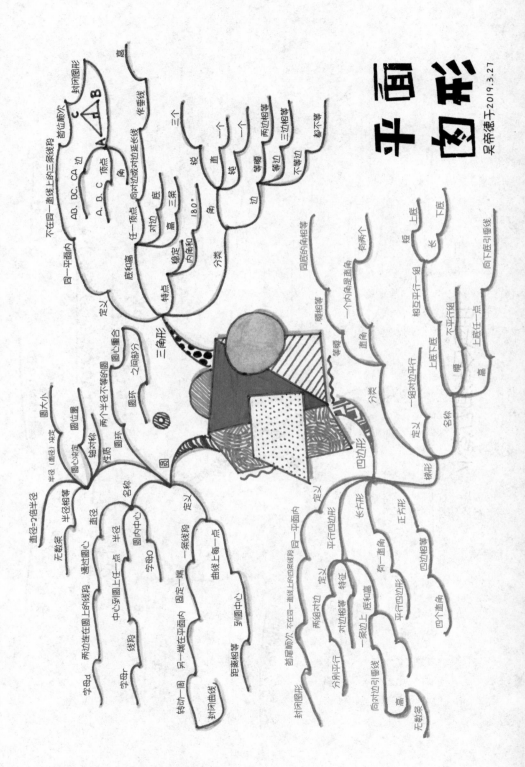

平面图形 吴帝德于2019.3.27

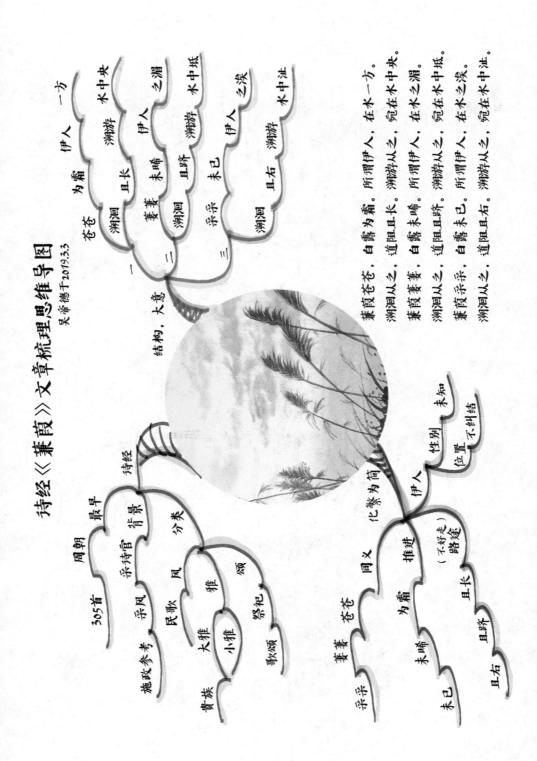

诗经《《蒹葭》》文章梳理思维导图

吴帝德于2019.5.5

结构、大意

一 苍苍 为霜 伊人 一方
溯洄 且长 溯游 水中央

二 萋萋 未晞 伊人 之湄
溯洄 且跻 溯游 水中坻

三 采采 未已 伊人 之涘
溯洄 且右 溯游 水中沚

蒹葭苍苍，白露为霜。所谓伊人，在水一方。
溯洄从之，道阻且长。溯游从之，宛在水中央。
蒹葭萋萋，白露未晞。所谓伊人，在水之湄。
溯洄从之，道阻且跻。溯游从之，宛在水中坻。
蒹葭采采，白露未已。所谓伊人，在水之涘。
溯洄从之，道阻且右。溯游从之，宛在水中沚。

诗经

周朝 最早 示诗音 背景
305首 示风 分类
施政参考 示凤
民歌 风
大雅 雅
贵族 小雅
祭祀 颂
歌颂

化繁为简

伊人 性别 未知
位置 不纠结

同义 推进
萋萋 苍苍 （不好走）
为霜 路途
未晞
示采采
且长
未已 且跻
示示示
且右

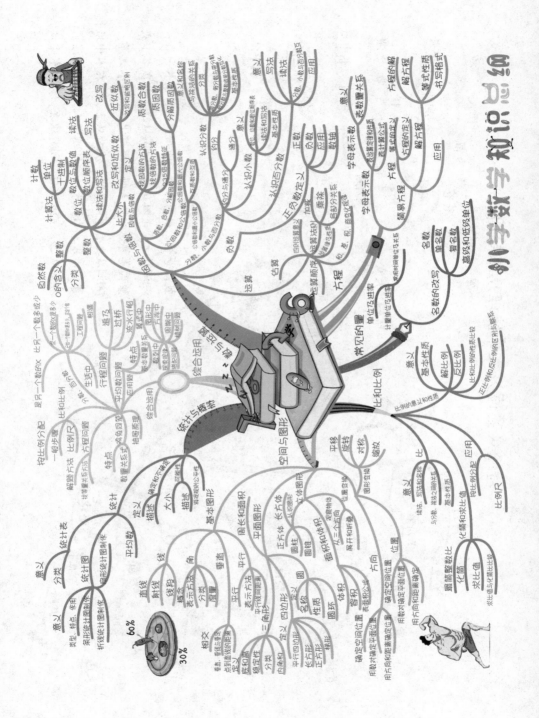

小学数学知识思维导图

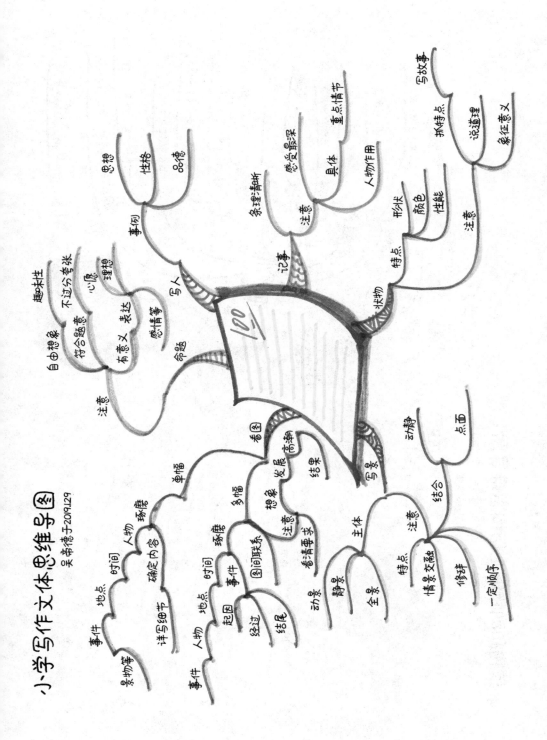

小学写作文体思维导图
吴帝德子 2019.129

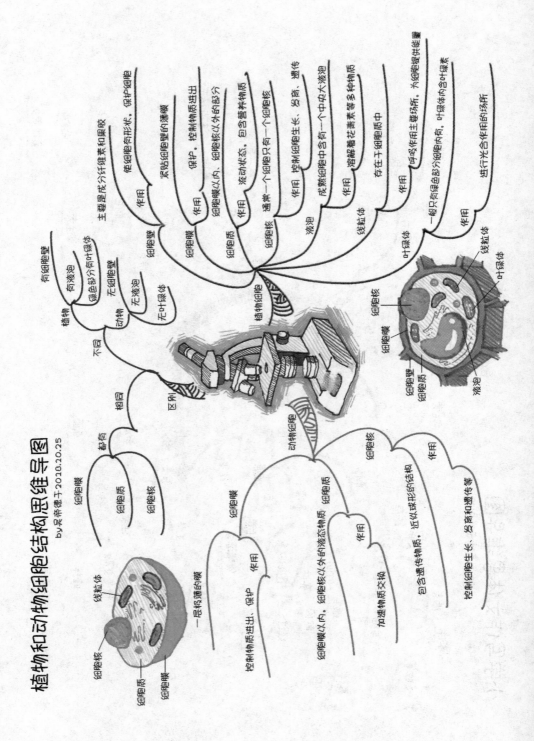

植物和动物细胞结构思维导图
by吴帝德子2018.10.25

写作修饰方法思维导图

吴幸憶子 2018.12.22

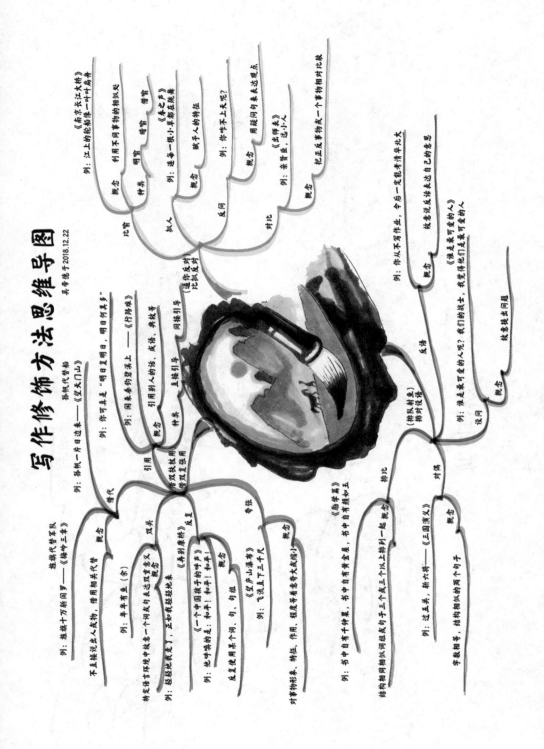

借代
- 造词代替军队——《梅岭三章》
- 概念
  - 例:遍插茱萸少一人，借用相关代替
- 不直接说出人或物，借用相关代替
  - 特定语言环境中故事一个词或句子的双关含义
  - 概念
  - 例:轻轻地我走了，正如我轻轻地来
    - 《再别康桥》

双关
- 《一个中国孩子的呼声》
  - 例:他呼唤的是:和平!和平!和平!
  - 概念
  - 反复使用某个词、句、句值

反复
- 《竹石山本书》
  - 例:飞流直下三千尺
  - 对事物形多、特点、作用、程度等夸大或缩小
  - 概念

夸张

引用
- 引用别人的话、成语、典故等
  - 概念
  - 例:闲来垂钓碧溪上——《行路难》
- 孙帆代替帖
  - 例:孙帆一片日边来——《望天门山》
- 你可真是"明日复明日，明日何其多"
  - 概念

仿写
- 借双拔用
  - 借双反张
- 间接引导
- 直接引导
- （连作反对比拟反对比）

比喻
- 概念
  - 利用不同事物的相似处
  - 例:江上的船像像一叶叶扁舟——《希罗兵兰大桥》
- 明喻
  - 喻管、喻管、借管

拟人
- 概念
  - 连车一根小草都在跳草
    - 《春之声》
  - 赋予人的特征

反问
- 例:你不上天吗?
  - 概念
  - 用疑问句来表达观点

对比
- 例:亲贵民，远小人
  - 《出师表》
  - 概念
  - 把正反事物或一个事物相对比较

排比
- 把物相似词组成句子三个或三个以上排列一起
  - 概念
  - 例:书中自有千钟果，书中自有全屋，书中自有颜如玉

对偶
- 例:过五关，斩六将
  - 《三国演义》
  - 概念
  - 字数相等，结构相似的两个句子

反语
- 例:你从不写作业，今后一定能考上北大
  - 概念
  - 故意视反话自己的意思

设问
- 例:谁是我可爱的人呢? 我们的战士，我觉得他们是最可爱的人
  - 《谁是最可爱的人》
  - 概念
  - 故意提出问题

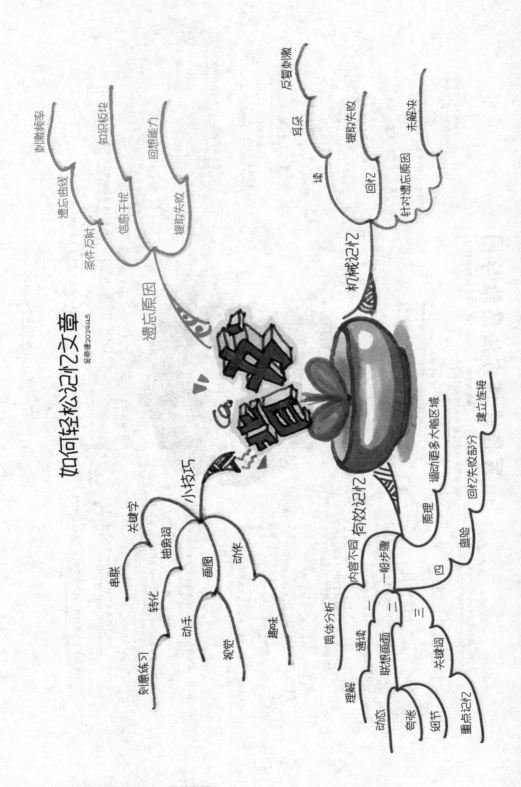

如何轻松记忆文章

吴希婧2019445

书籍证

遗忘原因
- 遗忘曲线
  - 案件反附
    - 刺激频率
  - 信息干扰
    - 知识板块
  - 提取失败
    - 回想能力
    - 提取失败

机械记忆
- 读
  - 耳朵
  - 提取失败
- 回忆
  - 反复刺激
  - 针对遗忘原因
    - 未解决

小技巧
- 关键字
  - 串联
  - 转化
    - 刻意练习
  - 地象图
    - 动手
- 画图
  - 视觉
  - 趣味
- 动作

有效记忆
- 具体分析
  - 内容不同
- 一般步骤
  - 一 通读
    - 理解
    - 动态
  - 二 联想画面
    - 夸张
    - 细节
  - 三 关键词
    - 重点记忆
- 回
- 查验
- 原理
  - 调动更多大脑区域
  - 回忆失败部分
    - 建立连接

如何轻松记忆文章

小学必背76首古诗记忆与梳理

吴帝德于2019.2.20

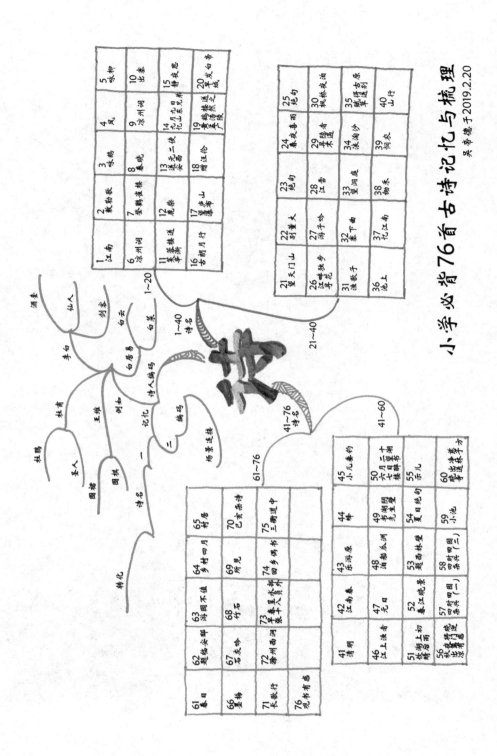

孩子们的思维导图

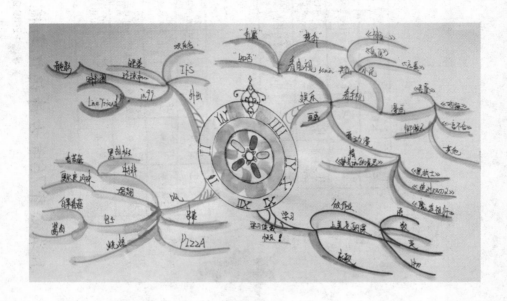

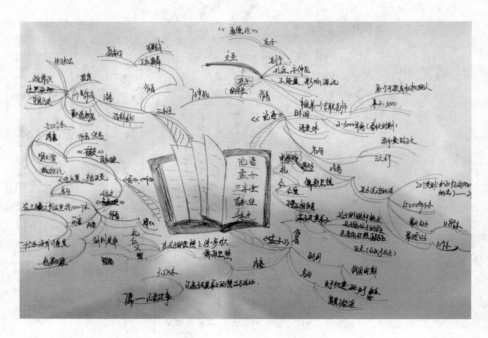

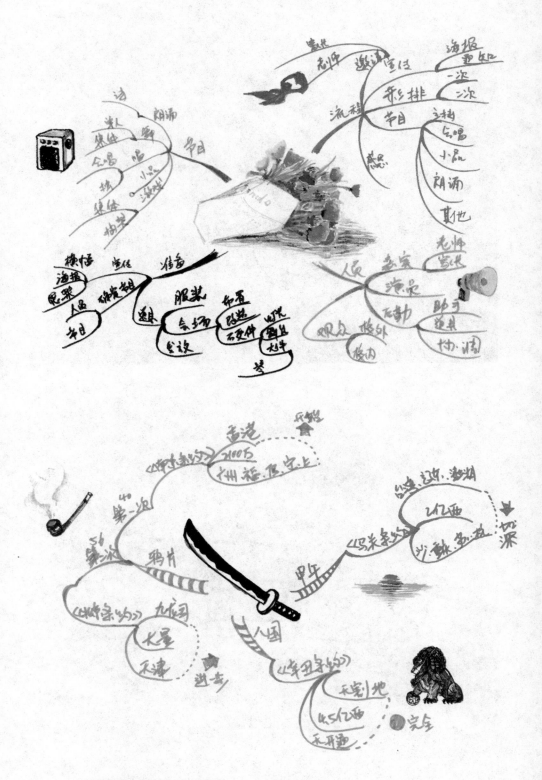

国内大咖手绘导图案例鉴赏

——看大师导图，练就导图大师

这一章，我们以鉴赏导图为主，学习国内思维导图实践导师们的一流作品（这些导师均为我的好友，所选导图均已经征得作者本人同意，在此表示感谢！），我们可以得到绘制和思维的启发，这些启发一定会帮助我们更快速地成为导图运用的高手。取其精华，学以致用，融各家所长，最终，给自己导图赋予灵魂。

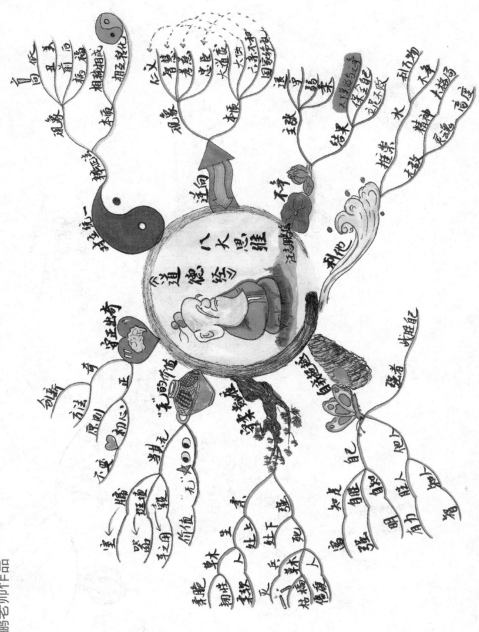

汪志鹏老师作品

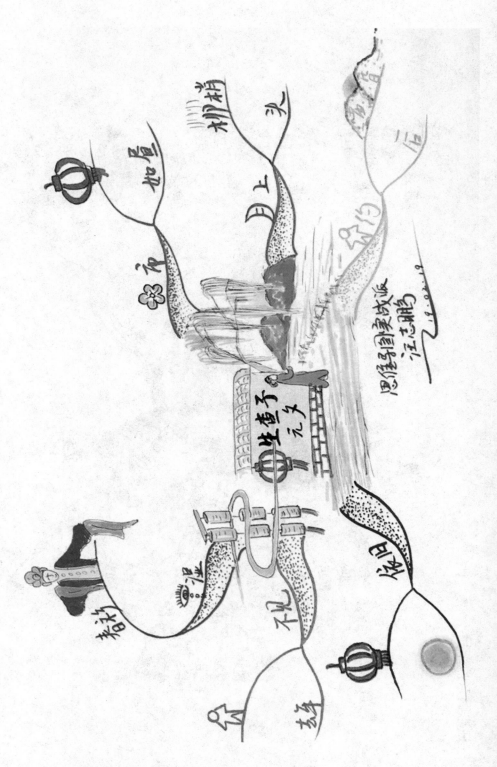

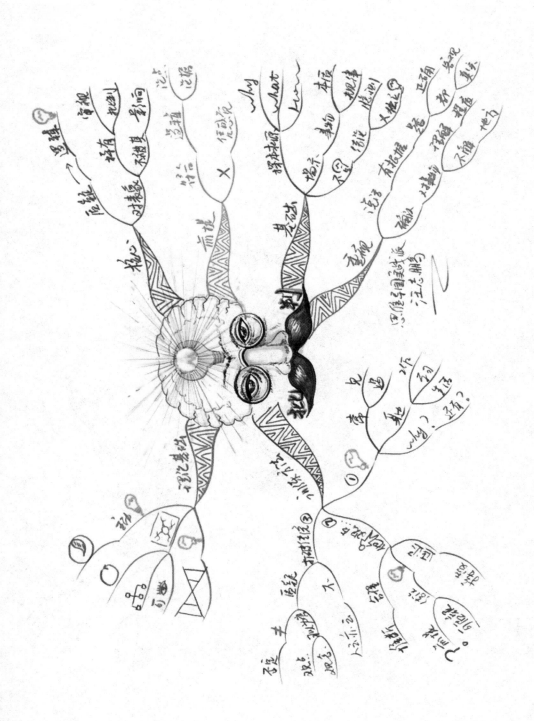

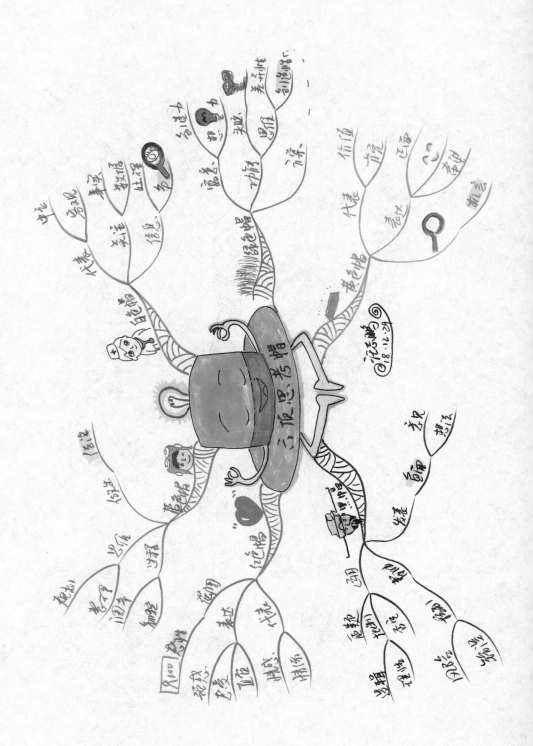

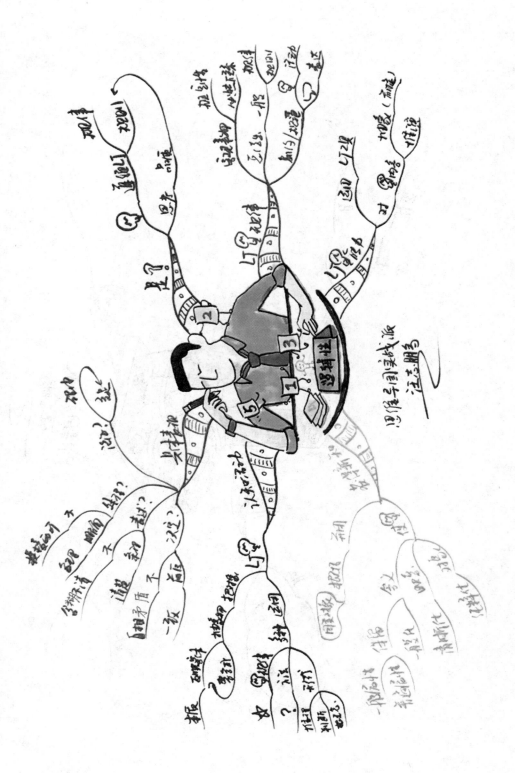

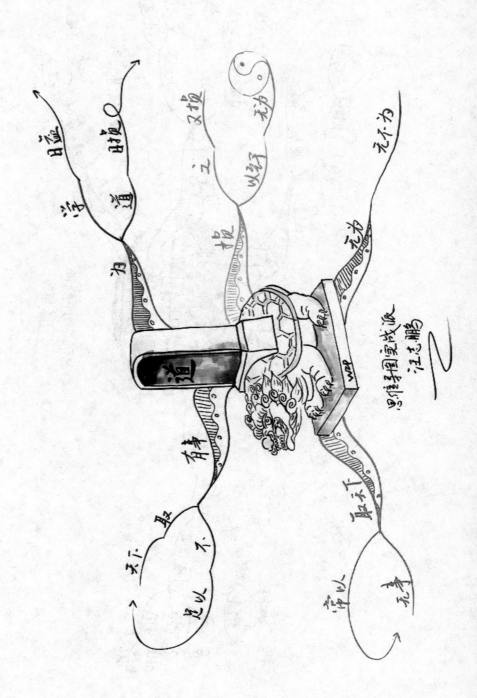

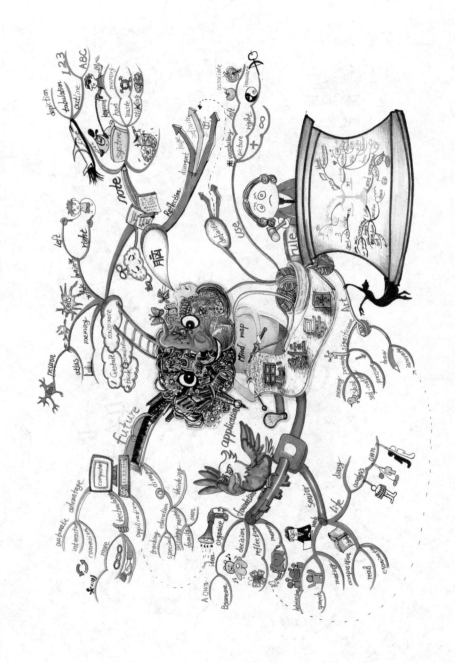

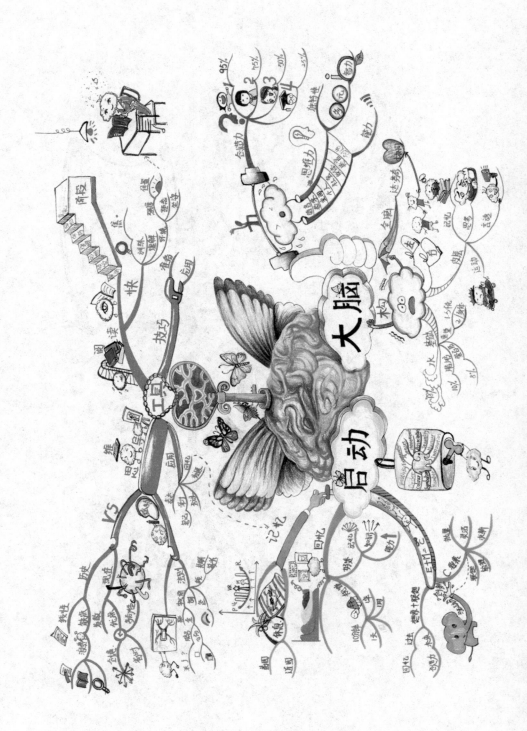

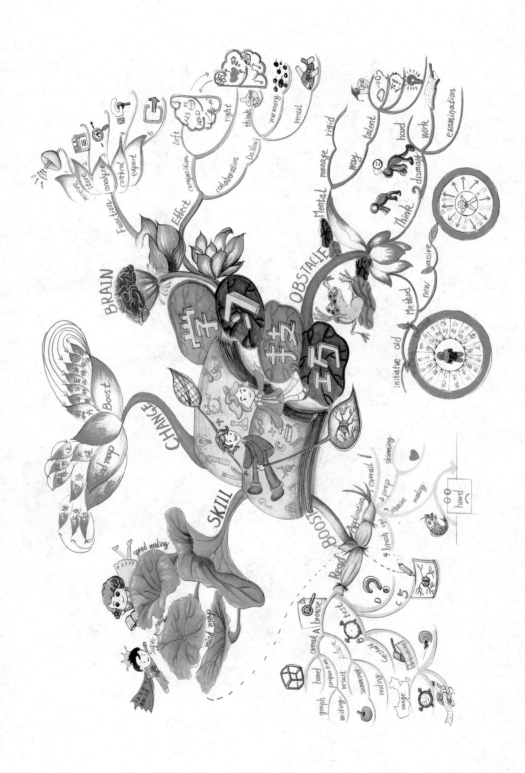

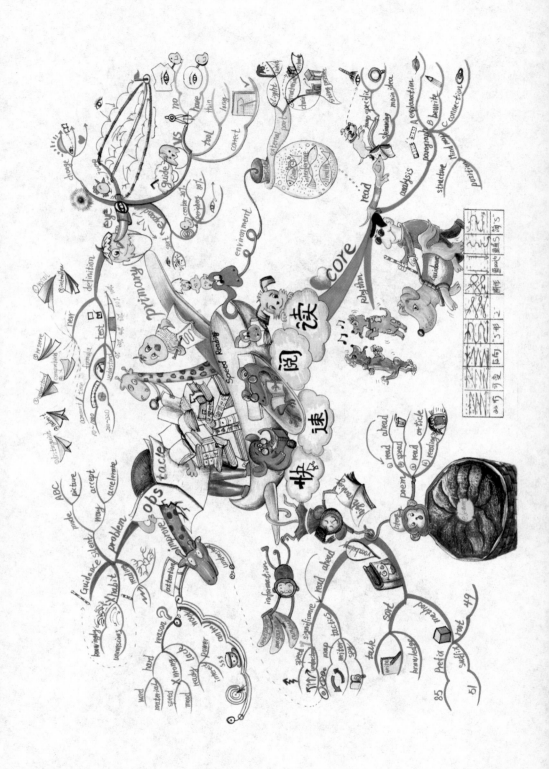

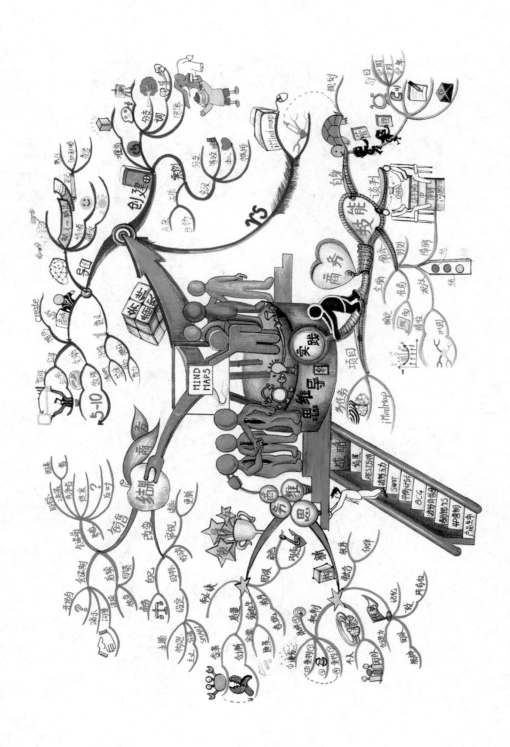

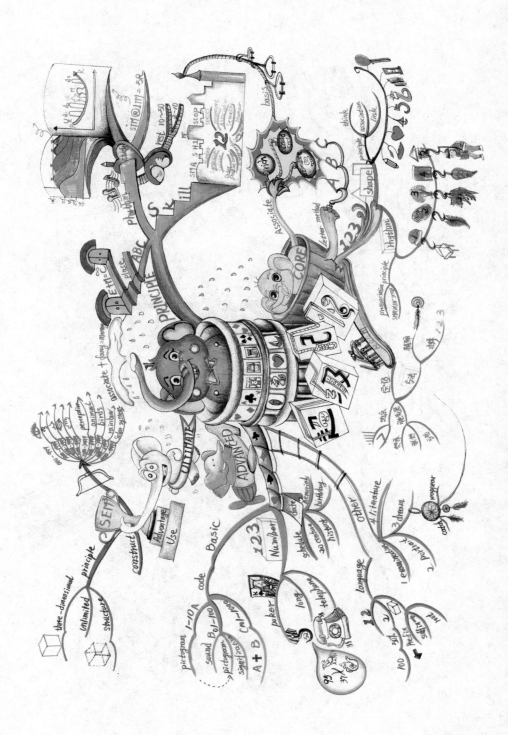

庄晓娟老师作品

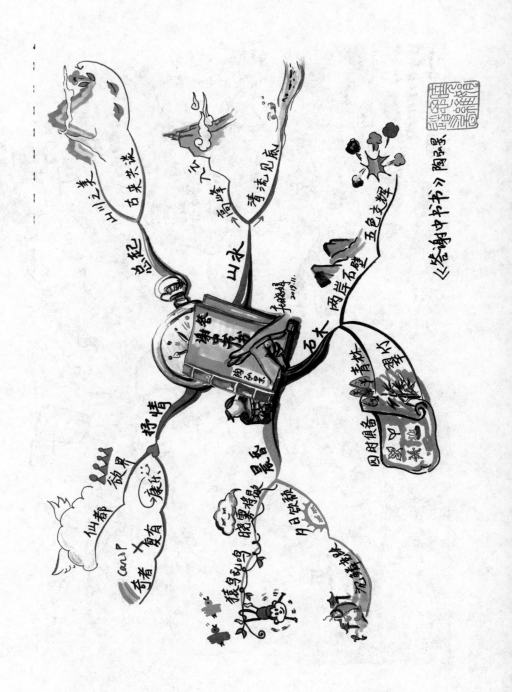

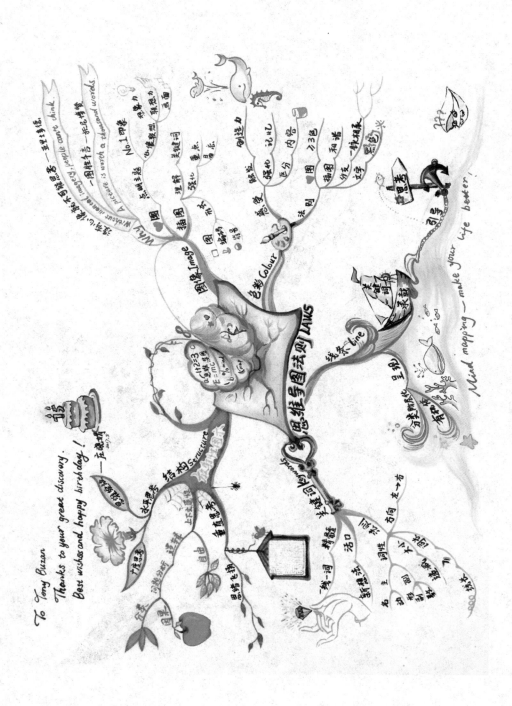

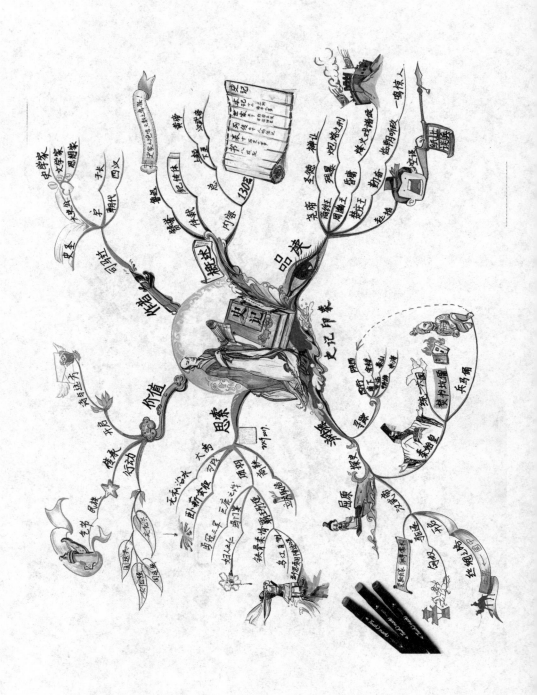

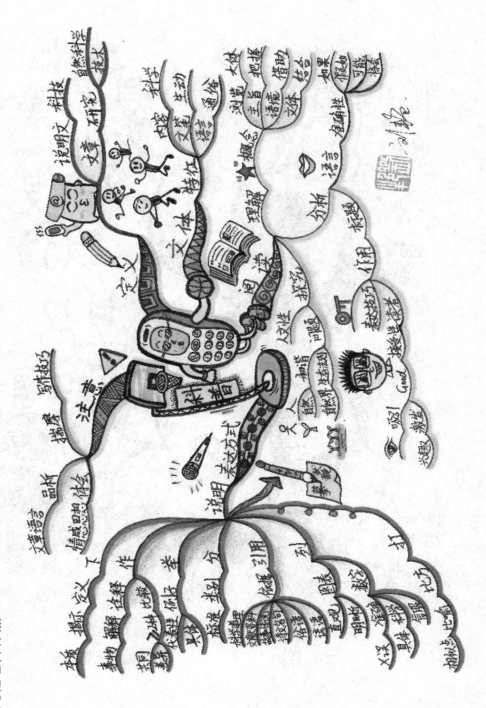

刘艳老师作品

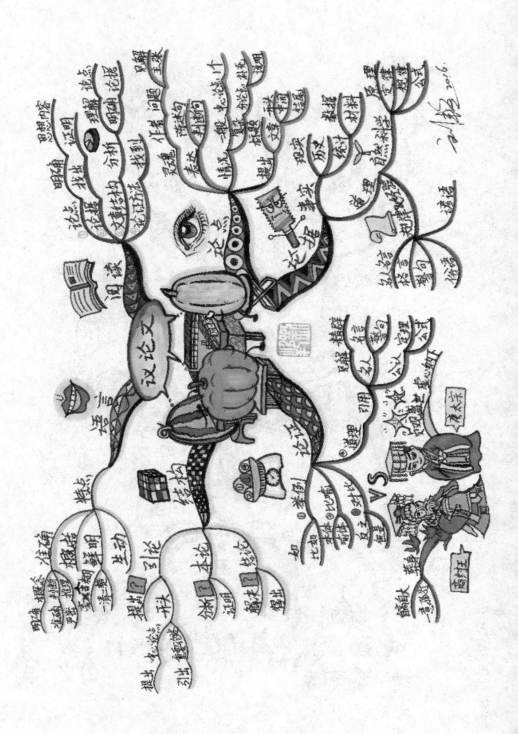

记忆冠军的秘密
——α 波冥想

为什么要冥想

"坐在石椅上，伴随着竹叶的沙沙声，清风拂面而来，阳光透过竹叶的间隙洒在身上，没有比这样的林间日光浴更惬意的事情了。竖起耳朵，能听到不远处的潺潺水声，踩着落叶，朝着声音的方向走吧，一条清澈的小溪展开在眼前，仔细看，波光潋滟的鹅卵石下还有小鱼儿的身影忽隐忽现。展开双手伸个懒腰再来一个深呼吸，真想在这小溪边上，坐上半日……"

阅读上面的段落你有什么感觉？这段短短的文字中包含有触觉、听觉、嗅觉、视觉、方向感等，如果你在阅读的时候能马上身临其境地在脑海中浮现出画面来，那么恭喜你，你拥有较强的视觉空间想象力和细节感知的能力，在冥想方面，你的大脑非常"健康"。

首先，冥想是锻炼联想细节能力的手段。幼儿园的老师会教孩子用手去摸各种东西，目的是为了让孩子能判断物体的形状、质感、温度等信息。爱因斯坦说"聪明是观察的眼睛"，在我们小的时候对细节的观察其实是相对敏锐的，但是随着年龄的增长，信息量的增加，快节奏的学习让我们了解更多世界的同时却丢失或者淡化了对细节的感知能力，记忆术的动态连接是需要画面的细节作为基础的，对细节联想到位，就能保证记忆的正确率。

其次，冥想是消除紧张、平静心情的最好的自我安慰。心情郁闷的时候，比如在学校受到了欺负，我们可以把欺负自己的人想象成一个小矮人，而自己是一个巨人的英雄，自己战胜了小矮人，取得了成功。精神疲惫的时候，比如连续工作太累，我们可以想象自己来到一个空旷的大房间，透过落地窗可以看到窗外摆动的树叶，房间里有一台钢琴，然后我们弹起了优美的钢琴曲。情绪紧张的时候，比如马上面临一个数百人的会议报告，紧张得几乎忘掉了所有事先写好的演讲稿，我们可以想象下面的观众都会送你心仪的礼物，你迫不及待地想见到他们。冥想可以让我们排除万难，靠自己解决平时不能解决的问题，是一种积极的自我暗示。

最后，冥想是相对"静态"的联想，如同我们入睡的时候大脑会分泌的脑脊液一样，当我们对美好事物进行安静的联想时，它能让我们心情放松，减少压力，消除疲劳，同时，也是提升大脑记忆力，思维力的重要手段。我们都知道游泳、跑步、跳绳等有氧运动能锻炼身体的肌肉。同样，科学研究表明，人在进行联想的时候大脑的耗氧量会增加，换而言之，冥想的时候是在让脑细胞进行科学的运动。

神奇的 α 波

如果说汽车有几个挡位分别是倒挡、一挡到五挡的话，那么人的大脑也可以分成几种状态，这种状态是按照脑电波的频率来区分的，它们是 δ 波、θ 波、β 波和 α 波。你可以简单地理解为 δ 波是处于深度睡眠状态时的脑电波频率，我们测量 δ 波就可以知道一个人的睡眠质量。同样，θ 波可以理解为意识中断的浅睡眠状态，β 波则可以理解为当人们处于清醒、专心、保持警觉的状态，或者是在思考、分析、说话和积极行动时的脑电波频率。在这四种基本的大脑电波频率中，我们主要了解一下对记忆力帮助最大的 α 波。

α 波又是一种什么状态呢？简单地说，它是一种大脑直觉、灵感、想象力、创造力最活跃的大脑波段。生活当中我们都有体会，有时候写一个文案或者策划一场活动，就是觉得没有灵感，写写改改花了很多时间，但是有时候灵感一下子像泉水般涌上来，一下解决了很多停滞下来的工作，这就是 α 波发挥的作用。我们都知道，汽车的每一个挡位只适应一种情况，没有一个挡位是万能的，起步要用一挡，高速路要用高挡位，大脑波段也是一样，睡觉的时候如果处于 δ 波、θ 波以外的活跃的波段，那么可能会失眠。相反，工作的时候处于精神放松的波段就不可能做好工作。那么，汽车的挡位是我们可以人为操作的，大脑的状态我们能否人为进行调节呢？

看过徐峥和莫文蔚主演的电影《催眠大师》的朋友可能对电影中两人互斗催眠术的片段印象深刻。当然，电影是经过了导演的艺术加工，但从科学的角度来讲，催眠也是一种将患者的脑电波通过语言引导进入特定的波段，让其降低压力、缓解抑郁的一种手段。α波的调节也是一种催眠，只是这种催眠是自我进行，自我引导。在道家和佛家的修行当中我们都知道坐禅，讲究心平气和、天人合一的忘我境界，从科学的角度解释，其实坐禅就十分类似α波的自我调节。

或是很多年前你的梦想破灭了，让你不再对现实抱有一些不切实际的想法，但是你应该意识到，悲观的情绪正在对你造成某种伤害，它正在伤害你的健康、事业、经济状况、记忆力和整个大脑；或是工作压力太大，每天加不完的班，还有各种定期考核，你已经对生活失去了激情而习惯着千篇一律两点一线的生活方式，这种消极的生活状态也许让你事业停滞不前，精神长期处于焦虑和抱怨的状态；或是学习内容太多太难，你每天花了大量的时间学和背，睡得很晚起得很早，但是成绩就是没有明显提高，也一直不稳定。如果是这样，也许调整大脑到α波对你会有意想不到的帮助。快节奏的生活让太多人忘记了使自己的大脑处于α波状态，从而许多人成为紧张、焦虑所导致的疾病的牺牲品。长期的紧张和焦虑降低了人体的免疫力，而大脑里有相对较多的α波的人，免疫能力也相对较高，α波的益处是多方面的。根据德国一家科研机构的一项数据调查，大部分企业家、学者、社会成就较高的人的大脑一天当中处于α波状态的时间都相对较多，这也侧面说明他们较一般人而言更具有创造性思维。

用 α 波调整状态

运动员上场以前都会做各种准备运动，我们在进入工作和学习状态前也需要做准备运动，这样才能发挥出最好的成绩。世界记忆冠军王峰在他的《记忆王子教你轻松记》一书中有一段关于自己参加 2010 年世界脑力锦标赛最后一个扑克牌项目时的心情的描写，当时最后一个项目将决定自己是否能获得冠军，但是由于周围带来的压力中午根本没有休息好，王峰就采取了 α 波冥想的方法，他想象自己在森林里边，在小溪旁边，很快自己就得到了放松，于是在之后的快速扑克牌项目中发挥出了自己最好的成绩，成了第一位获得世界记忆冠军的亚洲人。同样，我在 2013 年参加英国世界脑力锦标赛的时候由于时差关系，从比赛第一天开始就一直处于睡眠不足的状态，中午包括午餐时间休息只有一个小时，第一天上午的比赛结束以后，我整个人几乎都处于虚脱状态。即使工作人员已经提前准备好了午餐，我也丝毫没有食欲，感觉这样下去下午的比赛一定很危险，于是，我事先在手机里准备了很多图片，MP3 里储存了很多 α 波的音乐，我坐在地毯上开始 α 波冥想，很快，整个人就完全放松了，尽管只有短短的几分钟，但已经让我下午恢复了比较好的状态，在后面的两天比赛中我也使用同样的方法，最终在比赛当中取得了中国队总分第一的成绩，并且取得了"世界记忆大师"的称号。

地上脏了我们会打扫，书柜乱了我们会整理，皮肤干燥了我们会擦护肤霜，胃消化不良了我们会吃消食片，那么我们的大脑被整理过吗？通过什么方法来整理的呢？使用电脑的时候，垃圾回收站满了我们只需要动一动鼠标就可以轻松删除多余的信息，大脑有没有同样的方法呢？答案当然是肯定的，包括头部按摩、大脑保健操、饮食健脑等，头部按摩可以促进血液循环，提高大脑供氧量保证大脑思维清晰，但是饮食健脑是一个长期的习惯性的方式，在此不做讨论，我们主要讨论如何进行 α 波冥想等自我暗示的一些方法。

图片冥想：我们可以在电脑中专门建一个文件夹来存放一些高清的风景图片，花卉、大海、湖泊、树林、沙漠、雪地都可以，只要是自己觉得美丽的、看着心情舒适的都保存下来。我们把图片用幻灯片的形式来播放，间隔调到 15 秒左右，每一张图片显示的时候就尽可能地想象自己身临其境在图片的风景当中，我们需要的是冥想，因此看着发呆是几乎没有效果的，我们需要想象一些细节，比如质感、温度、心情等。虽然是静态的图片，但正是因为静态图片能带给我们无限的想象空间，一旦一发挥出这种细腻的想象力，你就进入了 α 波状态。下面我们看三幅图来实际说明一下。

α 波引导冥想练习一

想象一下清晨的阳光透过树叶照射到身上，那么的温暖，慢慢地睁开眼，用手挡住照在脸上的阳光，透过摆动的树叶看向蓝天，"布谷，布谷……"远处传来鸟儿动听的叫声，身体躺在落叶堆上，那么的松软，就好像一个海绵床垫。捡起一片落叶，透过阳光它的叶脉显得那么的美妙，所有落叶连成一片，就像秋天给大地编织的金黄色的衣裳，把衣裳当成被子，真想懒懒地睡上一觉……

α 波引导冥想练习二

想象一下独自散步来到海边，光着脚踩在细细的沙滩上，海风扑面而来，海浪一阵一阵地拍打在沙滩上又退去，捡起一个粉红色的漂亮海星，往大海的远处扔去，用力一扔的同时，仿佛所有的烦恼和压力都烟消云散，被抛向了大海的远处。踩着细细的沙子来到一片礁石旁，成群的海鸥一边低飞着，

一边"啾，啾……"地唱着歌。我想要靠近它，它们又迅速地飞走，当我坐在岩石上，它们又飞了回来，黄色的嘴，细细的羽毛，不时地眨下眼睛，撸撸翅膀，走两步，又四处张望一下，突然，它好像发现了浅滩里的小鱼，然后又飞走了……

α 波引导冥想练习三

想象一下带着家人旅游，住进了一户农家，自己睡了一个上午的懒觉，这时已经是午餐时间，灶台间的方向飘来浓浓的米香，"儿子，快下楼吃饭了。"妈妈喊道。躺在床上透过窗户就能看到远处一望无际的田野，下了床踩着木地板走到窗户边，木质的窗户框架早已被清晨的太阳照得发热，摸一摸，厚实的木质纹路仿佛在述说着这栋房子的历史。蓝天与白云，田野与小树，房屋与炊烟，相互映衬构成了一幅美丽的画卷。此时，如果再来一杯浓浓的咖啡，这就是起床的仪式感……

通过上面的三段α波冥想练习相信朋友们会体会到冥想的要点，那就是要有细节，要让身体的各个感官参与其中，这样的联想是一种乐观的、积极的心理引导，也是将大脑调整到α波频率的有效方法。我们可以一张图片看很久，也可以很多张图片切换起来看，将自己的负面情绪和疲劳压力在美丽的大自然中、在自己一直向往的地方释放。

视频冥想：视频冥想更有随意性，就是将静态图片的细节冥想方法用在动态的画面上。CCTV的《请你欣赏》是我一直喜欢的栏目，包括了国内各个风景名胜的取景，有故宫、石刻这样的人文景观，也有黄山、三亚、桂林这样的自然风景。记得有一次我得了重感冒，全身无力，头阵阵刺痛，躺在沙发上看着电视，这时正好插播了一段《请你欣赏》栏目，镜头的一开始就是溪流里长了很多小树，然后一个穿少数民族服饰的姑娘在河边打水，旁边有一棵巨大的榕树，伴随着美妙的琵琶音乐，就在那一刹那，我感到全身有触电般的感觉，整个风景的美丽、温馨、温暖化作一副精神良药，让我一下子感到精神恢复了很多。我想，这和我平时看静态图片做联想是有关系的，当联想形成习惯以后，看动态画面时的融入感就变得更加容易，如果说在已经学会联想细节的技巧前提下，图片静态冥想"看到"的是标清图像，那么动态的冥想就是"看到"的高清图像。除了以风景为主的视频素材以外，很多慢节奏的纪录片也是非常好的素材，比如《鸟瞰地球》系列、《故宫的至宝》系列、《舌尖上的中国》都是很好的动态联想素材。通过视觉带来的精神盛宴，再加入细节的联想在里面，将会有与众不同的收获。

音乐冥想：在网络上搜索"α波音乐"，会搜到很多相关的音乐，这些音乐大多数都是以流水声、海浪声为主，听音乐进行冥想和看图片、看视频冥想有异曲同工之妙，只是音乐带给我们的想象空间更大，对冥想的细节要求更多，如果听音乐不做细节的联想，很可能音乐就变成了催眠曲。我个人特别喜欢钢琴和小提琴的古典音乐，比起气势磅礴的交响乐，单一乐器的旋律更能让人心情平静。我们应该理解，α波音乐并不是指音乐本身的频率是和α波类似的波段，而是指这一类音乐能够帮助和引导我们较容易地进入α波的状态。音乐人吴金黛的音乐作品几乎都是表现大自然的声音，鸟叫声、虫鸣、蛐蛐叫、仲夏的田间各种自然的声音等，也是不错的素材。

综合冥想：综合应用上述的素材，既可以看也可以听就属于综合冥想。上面讲到动态冥想的时候，我听过一首琵琶伴奏的背景音乐，配合当时的画面，音乐带来的感动和画面带来的感动融合在一起，让我当时有了起鸡皮疙瘩的感觉，后面我也专门去找了那首背景音乐，就是《琵琶语》。我们可以一边看静态的风景图片一边播放自己喜欢的轻音乐，也可以看着动态视频，关掉原有的配乐后播放其他的伴奏，不管怎么样，不要忘了冥想，不要忘了体会画面和音乐中的细节，这样能让我们的大脑处于超灵感的状态。

吴老师部分课堂和讲座情况

▲ 四川省"书香校园"名家进校活动

◀ 四川外国语
大学

◀ 四川华电集团
干部培训

▲ 四川省委党校干部思维导图培训

▲ 广东省"书香校园"
　名家进校活动

▲ 西华大学

▲ 平安中国读书节
　专题讲座

▲ 平安中国万人读书直播现场

▲ 平安客服节百城读书沙龙直播

▲ 平安中国读书节签名活动

▲ 贵州省"书香校园"名家进校活动

▼ 贵州省团委公益讲座

▲ 世界读书日签名活动

▲ 中日友好交流协会签名仪式

▲ 首届天府书展专题讲座

▲ 首届天府书展专题讲座签售会